AF401531

ABRÉGÉ

POUR

LES ARBRES NAINS

ET AUTRES;

CONTENANT TOUT CE QUI LES regarde, tiré en partie des derniers Auteurs qui ont écrit de cette Matiere ; Joint une experience avec application de vingt ans & plus. Avec un Traité tres-particulier pour les bons Melons, & aussi un Traité general & singulier pour la culture de toutes sortes de Fleurs, & pour les Arbustes, & aussi pour faire & conduire une grosse Vigne, & beaucoup de choses pour les autres Vignes.

Oeuvre qui n'a encore esté traité à fonds par aucun, & qui provient aussi en partie de la communication des plus entendus Curieux en ces sortes de choses.

Par J. L. Notaire de Laon.

A PARIS,

Chez CHARLES DE SERCY, au Palais, au sixiéme Pillier de la Grand'Salle, vis-à-vis la montée de la Cour des Aydes, à la Bonne-Foy Couronnée.

M. DC. LXXV.

AVEC PRIVILEGE DU ROY.

A MONSIEUR

Mr. DE LA QUINTINIE,

Intendant des Jardins à Fruits
de sa Majesté en sa Maison
Royale de Versailles & autres lieux.

ONSIEVR,

*I'ay autrefois eu l'honneur de vous
faire un échantillon du present Abregé, qui trouva (ce me semble) quelque estime dans vostre esprit, depuis
ce temps l'experience m'a fait découvrir beaucoup de choses que j'y ay chan-
gées & ajoûtées, sans rien reserver de
secrets pour moy, soit pour la taille &*

EPISTRE.

conduite des Arbres, soit pour les autres matieres y contenuës; & sçachant
que vous estes à present le plus habile
homme de France, en la connoissance
de ces choses, & qu'il n'y a point de
Jardin accompli chez les Grands & les
personnes de condition, si l'on ne suit
vostre avis. Ayant fait dessein de donner au public cét œuvre entier & achevé, j'ay pris la liberté en veüe des
obligations que je vous ay, MON-
SIEVR, de vous le dedier & pre-
senter comme je fais, dans la pensée
que j'ay euë, que vous l'auriez pour
agreable, & que vous voudriez bien
me le permettre, & de me dire comme je le suis en effet,

MONSIEVR,

Vostre tres-humble & affectionné
serviteur J. LAURENT.

RE'PONSE
DV Sʳ DE LA QVINTINIE
A L'AUTHEUR.

ONSIEVR,

Depuis que vous m'avez fait l'hon-
neur de m'écrire & de m'envoyer vô-
tre Livre, il m'eſt arrivé pardeſſus
mon embarras ordinaire, beaucoup de
ſortes d'affaires qui m'ont empeſché de
vous faire réponſe : j'ay fait trois voya-
ges aſſez longs qui m'ont pris beau-
coup de temps : preſentement je vous
demande mille pardons d'avoir tant

ã iij

REPONSE.

tardé à me donner l'honneur de vous
témoigner ma reconnoissance de toutes
vos bontez pour moy ; je ne meritois
pas la grace que vous m'avez faite
de me dedier vostre Livre, vous de-
viez avoir choisi quelque personne
plus considerable. Vous avez bien fait
de donner au public des marques de
vostre habilité ; j'espere, MONSIEVR,
que dans quelque temps vous verrez
des marques de mon ignorance en cette
mesme matiere, je ne m'en sçaurois
plus deffendre ; cependant je vous prie
de croire que je voudrois estre assez
heureux pour avoir occasion de vous
témoigner l'estime & la considera-
tion que j'ay pour vostre personne, je
vous assure que je le ferois de tout mon
cœur, & que je suis,

MONSIEVR,

Vostre tres-humble & tres-obeissant
serviteur DE LA QUINTINYE.

AV LECTEVR,

TOVCHANT LES ARBRES.

AMY, ceux qui ont traitté cy-devant de cette matiere si utile & agreable, ont dit tout ce qu'ils en sçavoient : mais comme ils ont composé des Volumes à cét effet, la patience de beaucoup se lasse de les lire ; c'est pourquoy comme j'avois reduit en substance pour mon particulier, tout ce que j'y ay pû remarquer de meilleur, mesme découvert par une longue experience, ce qui y avoit esté obmis & inconnu, particulierement en ce qui regarde la taille & conduite des Arbres Nains: par un certain motif, desirant pour l'usage commun, le donner au public, avec une addition d'autres choses curieuses pour les Iardins, & mes-

ã iiij

més pour les Vignes, je l'ay fait mettre sous la presse, afin que comme tout bien est de soy communicable, ainsi ce que j'avois fait pour moy seul, soit pour le contentement & profit de plusieurs.

Depuis la premiere Edition, un de mes amis m'ayant fait plainte que cét Abregé estoit un peu trop court, je luy répondis qu'un Abregé ne devroit pas estre long, ainsi qu'il le signifioit : neanmoins ayant depuis fait reflexion sur ce qu'il m'avoit dit, pour le satisfaire & un chacun, si je puis, je l'ay augmenté d'une fois autant & plus qu'il estoit, de choses nouvelles, rares & curieuses, que je donne d'aussi bon cœur que les premieres en cette seconde Edition.

AVANT-PROPOS.

COMME je donne en cét abregé des regles en quelque chose, contraires à ce qu'on a écrit cy-devant, touchant la taille des Arbres Nains, & le temps de la Lune & de la saifon, je prevois que je pourrois eftre contredit, fi je n'en donnois les raifons ; c'eft ce qui m'a obligé de les mettre icy , comme auffi par mefme moyen celles pourquoy l'on fait des Arbres Nains, & de leur gouvernement , le tout ainfi qu'il enfuit.

On fait des Arbres Nains, pourquoy ? je pourrois dire que c'eft pour avoir des fruits.

Que c'eft pour en avoir de tres beaux.

Que c'eft pour en avoir affurement, par ce que les grands vents ont peu de prife fur eux.

Mais je m'arreste à la principale raison, qui est certainement pour la propreté, gentillesse, & beauté des Iardins, plus que pour toute autre chose, parce que les grands Arbres en plein air, défigurent les Iardins à Fleurs, & ôtent la veuë de leurs Parterres.

Neanmoins il faut tâcher de venir à la fin generale de tous les Arbres, qui est d'avoir des fruits le plus qu'on peut; & pour y reüssir à l'egard desdits Arbres Nains, il faut les gouverner autant qu'on peut, comme l'on fait lesdits grands Arbres, qui donnent ordinairement beaucoup de fruits, quand ils sont en lieux propres & ont le temps favorable.

Que fait-on aux grands Arbres? On se contente de les labourer, les amander quelquefois, tenir nets de mousses & des chenilles, & de les décharger du trop de bois, de celuy qui est mort & du moribond, voila toute la façon.

Il faut partant faire aux Arbres Nains, ce qu'on fait aufdits grands.

C'eft pourquoy ils doivent abfolument eftre gouvernez (entre les autres chofes) pour la taille, conduite & arreft ainfi qu'il fera dit cy aprés, au titre des tailles des Arbres, pour les efpalliers & contr'efpalliers.

Car autrement, fi vous coupez & arreftez les bouts des branches, vous faites neceffairement crever les boutons à fruits, vous faites que les Arbres pouffent davantage de bois de tous côtez, en arreftant leur feve & l'obligeant à retrograder & fe dilater avec violence, comme une petite digue retenuë, & ainfi vous n'avez point de fruit ou fort peu.

Concluons donc qu'il faut les gouverner par rapport aux grands Arbres, aufquels on ne coupe point les bouts des branches, & nean-

moins elles viennent toutes de pareille force, sont bien nourris &
façonnent d'elles-mémes leurs boutons à fruits, comme l'experience
le montre quand on y fait reflexion ; & ceux qui parlent, ou qui
peuvent avoir écrit contre ces ma-
ximes, n'ont jamais fait grandes
épreuves & observations, & c'est
une heresie en fait d'Arbres.

C'est une erreur aussi grande à
ceux qui disent qu'il faut tailler
les Arbres comme la Vigne ; il y a
bien de la difference entre l'un &
l'autre, parce que c'est le bois de
l'année precedente seulement qui
donne le fruit aux Vignes, au lieu
qu'aux Arbres, c'est le bois de trois
ou quatre années au moins qui fait
les boutons à fruit ; & encore lesdits Arbres ont ordinairement une
année de repos sans porter ; c'est
pourquoy point de convenance entre la taille des Vignes, & celle des
Arbres, comme vous voyez.

J'avertis icy par occasion , que les jets qui viennent dans les bouquets des Poires & Pommes , doivent estre arrestez tout prés , d'où ils sortent dés le mois de May au jour de la pleine Lune , le precedent ou le suivant.

La raison pourquoy il faut tailler & arrester les Arbres au temps de la pleine Lune , les Astrologues la sçavent mieux que moy ; ma pensée est que la Lune estant lors dans sa grande force sur nostre hemisphere (ce qui se preuve sensiblement par la pleineur de la moëlle aux os des oizeaux , en la pleineur entiere aussi de leurs œufs , & en la quantité de ceux des Poissons en ce temps-là) les Arbres en ont plus de seve, laquelle estant arrestée par la taille , demeure en eux, y agit puissamment & doucement, & contribuë ainsi entr'autres effets à la formation & production de leurs boutons à fruits.

Mais pour venir à l'experience, les bons Vignerons, pour avoir beaucoup & de beaux Raisins, taillent leurs Vignes & Treilles en pleine Lune de Mars, & aucuns ont passé autrefois jusques à une espece de superstition, en taillant justement le jour du Vendredy Saint leursdites tailles, parce que ce jour tient toûjours de la pleine Lune de Mars, comme chacun sçait.

Les Iardiniers aussi sement les graines des Fleurs qu'ils desirent avoir doubles (comme Oeillets & Giroflées) en ce mesme temps de la pleine Lune, & en mon particulier, j'en ay l'experience & m'en trouve bien, & ne suis pas seul de ce sentiment, qu'il faut tenir pour certain.

Et la raison pourquoy la seconde taille des Arbres se doit faire environ la S. Iean Baptiste.

C'est parce qu'avant ce temps,

les Arbres pouffent en tres-grande
abondance, & fi vous les arreftiez,
ils jetteroient de tous côtez, & feroient crever les boutons à fruits,
ainfi qu'il eft dit : c'eft pourquoy
il faut attendre neceffairement ce
temps-là, & par ce moyen lefdits
boutons à fruits fe forment, fe confervent, & augmentent pour l'année fuivante, & mefme les fruits
qui font aufdits Arbres en profitent davantage.

I'ay obfervé que les Arbres char-
gez de fruits, doivent eftre la-
bourez d'un petit labour, un peu
avant la parfaite maturité de leurs
fruits, qui en viennent par ce
moyen meilleurs, plus beaux &
plus gros.

Il faut auffi découvrir lefdits
fruits des feüilles qui empefchent
le Soleil de luire deffus, afin qu'ils
viennent beaux & colorez ; on en
ufe de mefme à l'égard des Raifins
rares & curieux.

On coupe lesdites feüilles par le milieu de la queuë, environ le mois de Septembre pour les fruits tardifs ; aux haftifs, on les coupe plûtoft,

TABLE

TABLE

De ce qui est contenu au present
Abregé.

ẽ

TABLE.

TABLE.

Fin de la Table.

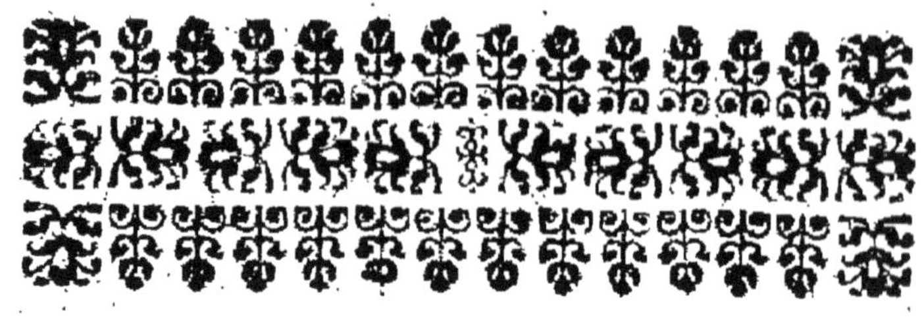

PRIVILEGE

DV ROY.

LOUIS par la grace de Dieu Roy de France & de Navarre : A nos Amez & Feaux Conseillers les Gens tenans nos Cours de Parlement, Maistres des Requestes Ordinaires de nôtre Hôtel, Baillifs, Seneschaux, Prevosts, leurs Lieutenans, & à tous autres nos Officiers & Justiciers qu'il appartiendra : Salut. Nostre amé CHARLES DE SERCY, Libraire à Paris, nous a fait remontrer qu'avec grande peine & dépense il a recouvré deux Manuscrits de Jardinage, qui traitent *de la Taille des Arbres, les anter, greffer, & cultiver, pour faire des Espalliers, & pour toutes les choses necessaires pour les Iardins :* Comme aussi *la Maniere d'élever toutes sortes* de Fleurs, chacunes selon leurs especes, & la façon qu'il faut faire pour les cultiver : Lesquels il desireroit faire imprimer, avec l'Abregé des bons Fruits, & les Remarques pour la culture des Fleurs : Composez par le Sieur MORIN, qu'il a cy-devant fait imprimer en vertu de deux Permissions que nous luy avons accordées, lesquelles sont bien-tost expirées : Mais l'Exposant craint qu'aprés avoir fait une dépense qu'il auroit faite pour l'impression desdits Livres ; C'est pourquoy il nous a tres-humblement supplié de luy accorder sur ce nos Lettres necessaires. A CES CAUSES, desirant favorablement traiter l'Exposant, Nous luy avons permis & permettons par ces Presentes, d'imprimer lesdits Manuscrits, & reimprimer l'Abregé des bons Fruits, & les Remarques pour la culture des Fleurs dudit Morin, conjointement ou separément, ainsi que bon luy semblera, & iceux faire vendre & debiter en tous les lieux de nostre Royaume, & Terre de nostre obeïssance, pendant le temps & espace de dix années ; à commencer du jour que chacun desdits Livres sera achevé d'imprimer pour la premiere fois. Durant le-

quel temps faifons tres-expreffes inhibi-
tions & défenfes à toutes perfonnes, de
quelque qualité & condition qu'elles
foient, d'imprimer ou faire imprimer,
vendre ou debiter lefdits Livres, fous
quelque pretexte que ce foit, fans le con-
fentement dudit Expofant, ou de ceux
qui auront droit de luy, à peine de fix
mille livres d'amende payables fans déport
pour chacun des contrevenans ; applica-
cable un tiers à l'Hôpital General, un
tiers au denonciateur, & l'autre tiers à
l'Expofant, confifcation des Exemplaires
contrefaits, & de tous dépens, domma-
ges & interefts. Et outre défendons à
tous Marchands Forains, nos Sujets &
Etrangers, d'en apporter vendre ou é-
changer en noftre Royaume, fur les mefmes peines que deffus, & de confifcation des autres marchandifes qui s'y trou-
veront jointes ; à la charge d'en mettre
deux Exemplaires en noftre Bibliothe-
que publique, un au Cabinet de noftre
Château du Louvre, & un en celle de
noftre tres-cher & Feal Chevalier Garde des Sceaux de France le Sieur d'Aligre,
avant que de les expofer en vente, à peine de nullité des prefentes : Du contenu

defquelles, voulons que vous faffiez joüir
& ufer ledit Expofant, ou ceux qui auront droit de luy, pleinement & paifi-
blement, & qu'en mettant au commencement ou à la fin de chacun des Exemplaires un Extrait des Prefentes, elles
foient tenuës pour bien & duëment fi-
gnifiées, & qu'aux copies collationnées
par l'un de nos Amez & Feaux Confeil-
lers & Secretaires, foy foit ajoûtée comme au prefent Original. Si MANDONS
au premier Huiffier, ou Sergent fur ce
requis, de faire pour l'execution des prefentes, tous Actes & Exploits que befoin fera, fans demander autre permif-
fion, nonobftant mefme Clameur de Ha-
ro, Chartre Normande, & autres Lettres à ce contraires. CAR TEL EST NÔ-
TRE PLAISIR. Donné à Paris le dou-
ziéme jour de May mil fix cens foixante-
treize. Et de noftre Regne le trentiéme.
Par le Roy en fon Confeil, BERAUD.

Regiftré fur le Livre de la Com-
munauté des Libraires & Impri-
meurs de Paris, le 14. May 1673.

suivant l'Arreſt du Parlement du
8. Avril 1653. & celuy du Conſeil
du 27. Février 1665.
    Signé THIERRY, Sindic.

*Achevé d'imprimer pour la premiere fois
le 1. Juin 1675.*

Les Exemplaires ont eſté fournis.

ABREGE'

ABREGE'

POVR LES ARBRES NAINS

& autres; Contenant tout ce qui les regarde, tiré en partie des derniers Auteurs qui ont écrit de cette Matiere; Joint une experience avec application de vingt ans & plus.

Des Pepinieres & Baſtardieres.

LEs Pepinieres de Coignaſſiers de bouture, de plan, & d'autres Arbres Nains ſe mettent à l'abry des vents du Midy, & ſe font par rigoles creuzées en terre de trois à quatre pouces, tirant du Midy au Sep-

A

tentrion au mois de Novembre, à deux
ou trois pieds de distance l'une de l'autre,
les boutures à deux ou trois doigts l'une
de l'autre, le plan des Arbres à racines à
six pouces l'un de l'autre, & celuy de
francs à dix ou douze pouces de tous sens;
il faut tout planter en pleine Lune.

On les couppe à deux ou trois pouces
de haut, quand elles commencent au Printemps à pousser pour les Coignassiers, &
les francs environ à sept pouces, & les
motter en les labourant aussi-tost, en sorte
qu'ils ne paroissent dehors terre que la
hauteur de demy-doigt, pour les pouvoir
greffer sur le jeune bois en écusson la deuxiéme année, comme il sera dit en l'article deuxiéme suivant.

Et ceux qui s'avisent de greffer les Coignassiers en fente, n'y trouvent pas leur
compte, à moins que ce ne soit entre le
bois & l'écorce; ce qui se fait au mois de
May, il faut toûjours greffer les premier
ou deuxiéme jours de la nouvelle Lune.

Lës Coignassiers ne se doivent ébour-
jonner la premiere année, mais la seconde
jusques à huit pouces de haut, & leur laisser un beau jet pour y placer l'écusson, soit
poussant dés la fin de Juin ou environ,
ou dormant au mois d'Aoust en nouvelle Lune, comme dit est; il faut obser-

ver pour avoir de bons Arbres & qui
portent beaucoup, de ceüillir les greffes à
des Arbres qui soient chargés de beaucoup de fruits ou de boutons à fruits, pour
écussonner & pour la fente, & ainsi vous
aurez d'excellens Arbres qui vous donneront beaucoup de fruits en leur temps.

Je ne parle point icy de la maniere comme il faut greffer les Arbres, cela est con-
nu de tant de gens qu'il n'y a rien de si
commun : je diray seulement que le grand
secret pour y bien reüssir, c'est la propreté & la diligence tant à tailler les greffes,
qu'à les appliquer. Pour les écussonner, il
faut les mettre proprement en leur lieu,
sans oster aucun bois ausdits écussons, mais
les y attacher (ainsi que vous les aurez levez dextrement de vostre greffe) & ce
avec du chanvre, en serrant & couvrant
bien lesdits écussons comme l'on sçait.

Pour revenir au sujet contenu en l'article penultiéme precedent, le Printemps
suivant, vous couperez vos greffes où vous
verrez les écussons bien repris tout contre lesdits écussons, afin que venans à
pousser, ils recouvrent promptement leurs
playes, ce qui arrivera quasi dans la mesme année, autrement le chicot que vous
y laisseriez plus grand venant à pourrir,
endommageroit vostre Arbre en le pour-

riſſant, ſi vous attendiez à le coupper en l'année ſuivante.

Le Pommier de paradis, doit eſtre rogné à un pied & demy de haut, pour eſtre greffé en fente, où il vient plus viſte qu'un écuſſon.

On laboure les pepinieres, la premiere année au commencement de Juin par un beau temps, en labourant bien uniment dans le milieu du rayon d'un bon fer de bêche ſeulement, & en approchant du ſauvageon, il faut ſoulager la bêche & ne l'enfoncer qu'à demy, à la fin du mois d'Octobre, déchauſſer vos ſauvageons dans le milieu des rangées environ d'un demy-fer de bêche, en forme de rigoles, n'approchant pas ſi prés des tiges & ne découvrant point leurs racines.

Au mois de Mars ſuivant, par un beau jour les rechauſſer, & labourer toute la pepiniere bien uniment, & faire ainſi juſques à deux ou trois, aprés qu'elles auront eſté greffées : outre ce les labourer legerement aux mois de Mars, de May & de Juillet, & au mois d'Octobre déchauſſer, comme il eſt dit cy-devant.

Et ſi la pepiniere ne profite pas bien, au mois de Novembre de ſa troiſiéme année, il faut la fumer par tout de bon fumier de vache à demy-pourry, de quatre

doigts d'épaisseur, & le labourer aussi-
tost pour le mêler avec la terre, en ce cas
on ne labourera ny déchaussera-t-on ladite pepiniere au mois d'Octobre.

La Bastardiere est un plan d'Arbres en
quelque endroit du Jardin, où ils sont
plantez avec la preparation cy aprés dite
(au titre comme il faut planter les Arbres)
à douze pieds de distance de tous sens,
soit en ligne droite par allées, ou en
quinquome & échiquier.

Il faut avoir de ces pepinieres, & Bâ-
tardieres, necessairement, soit pour faire
de bons plans d'Arbres, pour mettre en
la place de ceux qui meurent, ou pour en
communiquer à ceux qui en auront besoin.

Des termes propres pour parler correctement des Arbres.

ON appelle pepiniere, un plan d'Arbres sauvageons mis fort prés l'un
de l'autre sur une mesme ligne ou plusieurs, pour estre greffez & levez dans les
occasions qu'on en a affaire, ainsi qu'il
est declaré cy dessus, comme aussi à l'é-
gard de la bastardiere.

On appelle bastardiere un autre plan

d'Arbres tous greffez, mis dans un endroit particulier, comme il est déja dit, où ils sont plantez plus serrez & pressez qu'ils ne doivent estre, quand ils sont mis en Espalliers & contr'Espalliers, & cette Bâtardiere est justement le lieu où l'on peut avoir de beaux buissons, & de la qualité qu'ils doivent estre declarez cy-aprés au titre des Tiges, en leur donnant toute leur étenduë, c'est à dire en ne les couppans aucunement par les bouts des branches, estans vuidez d'ailleurs dans les milieux, & faits de la forme qu'il sera dit au troisiéme article suivant.

On appelle Espalliers les Arbres, qui sont attachez à la muraille, & qu'on tient d'une seule épaisseur de branches, en forme d'éventail ouvert.

On appelle contr'Espalliers, les Arbres qui sont en plein air, mis dans les plattes bandes des Jardins, que l'on tient aussi d'une seule épaisseur?

On appelle Buissons, les Arbres qui sont aussi en plein air, mis où l'on veut, qui sont vuidez de branches dans les milieux, & faits en forme de coupes rondes ou ovalles.

Les hauteurs & figures de ces trois dernieres sortes d'Arbres, sont mises cy-aprés au titre des distances & hauteurs, excep-

té celle des contr'Espalliers qui est declarée au titre de la taille & conduite des
Arbres.

Des Arbustes aux pays froids.

LEs Arbustes comme Myrtes, Jassemins d'Espagne, Chevre-feüille Ro-
main, Orangers, Grenadiers, Lauriers-
rozes, Altes-frutes, Figuiers nains, & autres Arbustes venans des marcottes, se doivent conserver l'Hyver dans la serre, dont
la forme est cy-aprés declarée (au titre des
Ranonculs & Anemones) pour les élever, il
faut les mettre dans de grands pots pleins
de bonne terre amandée ; aux Orangers,
il y faut de la fiente de pigeons , de poules,
des crottins de chevaux , des cendres & de
bon terrein mélez ensemble , lesdits pots
doivent avoir large gueule & estre troüez
en cinq endroits , sçavoir un au fond du
pot , & les quatre autres opposez aux côtez desdits pots , deux environ au milieu,
& les deux autres plus bas & grands pour
y passer le doigt , & mesme un desdits trous
de bas doit estre grand pour y passer la
main à l'aise , afin d'y mettre de l'amandement quand il faudra , ou pour couper

des racines quand le pot en fera trop plein,
tous ces trous ferviront à recevoir l'humeur de la terre : c'eft pourquoy lefdits
pots feront mis dans la terre jufques pardeffus lefdits trous, depuis le Printemps
jufques à la fin de l'Automne.

On a maintenant en France des Orangers de la Chine qui font nains, qu'on met
dans des pots, & qui portent leurs fruits
de la groffeur feulement d'une groffe ce-
rife, ils font admirables pour leur gentil-
leffe & ayant toûjours (comme les autres)
des feuilles, des fleurs, & des fruits, on
les porte fur la table où vous mangez.

Pour avoir des Figuiers nains, il faut
marcotter des branches à un figuier au
mois de Mars, & quand la marcotte aura
racine à l'Automne (au lieu de la planter
comme elle devroit eftre à l'ordinaire les
boutons en montant) il faut renverfer lefdits boutons en bas, & par le moyen de
cette retroverfion, la feve n'ayant plus
fon cours direct, eft obligée de retrograder, ce qui le contraint à demeurer nain,
l'épreuve en a efté faite, & on a reüffi
parfaitement.

Au lieu de marcotter ainfi, vous pouvez
en Mars planter un jeune Figuier à racines
dans un grand pot, ou mefme en pleine
terre, & quand il fera bien en feve au mois

de May ou de Juin enfuivant, vous le plirez par le milieu comme la moitié d'une ovalle, en mettant le bout de haut dans la terre quatre ou cinq doigts de profondeur, & arrêterez ladite moitié d'ovalle avec quelque crochet de bois, afin qu'elle ne fe releve ; ce bout ainfi fiché dans terre bien graffe prendra racines eftant fort arroufée, & à l'Automne vous le fonderez & verrez s'il a fait racine, & s'il en a, vous couperez voftredite moitié d'ovale par le milieu de haut, & arracherez l'autre bout premier planté ayant racines, & ainfi vous aurez un Figuier nain bien facilement, & plufieurs fi vous voulez.

Les marcottes de terre cy aprés declarées au titre de la pratique excellentiffime d'élever les Melons, font fort propres pour faire lefdites marcottes de Figuiers devant declarées, en paffant une branche par le trou, y mettant de la bonne terre, & arrêtant ferme ladite marcotte de terre & l'arroufant fouvent.

On peut faire la mefme chofe pour les Grenadiers à fleurs doubles, ou à fruits, & pour autres Arbuftes.

La maniere de faire l'incifion defdites marcottes de Figuiers & autres Arbuftes, eft la mefme, dont il fera parlé cy-aprés au titre d'accommoder les autres fleurs, où il est traité de marcotter les œillets.

On peut aussi accommoder en plein
terre, les marcottes desdits Arbustes, d
la sorte qu'on fait lesdits œillets.

Tous les bois moëlleux reprennent fa
cilement de bouture, fichet & de provir
mis en terre avant l'Hyver.

Quand on veut greffer des Jassemin
d'Espagne, ce doit estre sur des communs,
& il faut les greffer en fente au Printemps,
au temps qu'il est dit cy-aprés qu'on doi
greffer les Arbres.

On dit qu'il faut tailler les Jassemins
en toutes les nouvelles Lunes, pour les
faire beaucoup porter.

Des Arbres nains & de leurs fruits, & des expositions des Arbres en Espalliers.

L'ORIENT.

LA muraille, dont l'exposition regarde
le Soleil levant & ne le perd qu'à
deux ou trois heures aprés midy, est la
meilleure pour les Pêchers & Pavys qui y
chargent davantage, & y viennent ordinairement meilleurs & plus beaux : mais

pour bien reüffir, il faut qu'ils foient attachez en efpalliers contre la muraille, autrement en plein air, ils ne font pas grande chofe qui vaille.

Aux païs chauds & temperez, les Abricotiers veulent auffi l'Orient pour bien
porter, parce qu'ils n'avancent pas fi toft
à fleurir comme ils feroient au plein midy,
où les gelées furvenantes les perdent, ou
bien l'ardeur du Soleil brûle leurs fleurs
dans la tendreffe du Printemps ; mais aux
pays froids où les Hyvers font longs &
rudes ; il faut les couvrir au temps des gelées, des pluyes, & des broüillars qui les
font couler également.

Les Abricotiers fe doivent étefter de
cinq ans en cinq ans (pour les rajeunir)
au deffus des deuxiémes ou troifiémes fourches & branches de bas, parce que c'eft
le jeune bois qui porte ; autrement vous
n'auriez des fruits que rarement ; ce retranchement fert auffi à ce que les Arbres
en font auffi plus vigoureux & leurs fruits
plus beaux.

Les Noyaux de Pêches de Pau, Perfiques, Violettes, Brignons, & des communes, donnent ordinairement leurs fem-
blables, quelquefois meilleures, & ne font
pas fi fujettes à degenerer que les autres.

Ces Noyaux & autres, fe mettent germer dans les grandes marcottes pleines de bonne terre amandée, mises dans les cou-ches, comme il sera cy-aprés dit à l'égard des Melons en la pratique excellentissime de les élever : il faut faire tremper dans l'eau lesdits noyaux dés le commencement de Mars, & ce durant le temps de douze ou quinze jours, avant que de les planter en pleine Lune dans lesdites marcottes mi-ses dans lesdites couches chaudes, si mieux vous n'aimez (sans autre façon) planter lesdits Noyaux dans lesdites couches com-me l'on fait la graine des Melons, & en suite en l'une & en l'autre maniere met-tre une cloche dessus, & un peu de long fumier pardessus, si vous voulez, pour les faire avancer, & quand lesdits germes ont poussé & sont bien forts, ce qui doit arri-ver cinq ou six semaines aprés qu'ils au-ront esté mis dans les couches, vous les plantez comme il sera dit en l'article sui-vant.

C'est une erreur de greffer des Pêchers sur des Pruniers ou Amandiers, pour les faire durer beaucoup de temps, l'experien-ce a fait voir le contraire, parce que les Pêchers meurent toûjours par haut ; il est vray qu'ils peuvent durer ainsi greffez trois ou quatre ans davantage que les au-tres, mais cela est peu considerable, c'est pourquoy il vaut mieux planter des noyaux de bonnes Pêches , & quand ils feront bien levez & encore en herbe , vous les leverez avec le gazon & les planterez fix pieds en fix pieds de diftance aux lieux où vous les voulez , & quand ils porteront qui fera la quatriéme année d'aprés , vous y laifferez les meilleurs & en pourrez fupprimer les moindres ; à la place defquels vous pourrez en planter d'autres , & ainfi vous aurez toûjours de bons Pêchers.

Parmi les fruits des Pêchers , il y a des Pêches & des Pavys , tout ce qui quitte le noyau ce font Pêchers, ce qui ne les quitte pas , ce font Pavys.

Il y a mâle & femelle parmy tous les Arbres & les Arbuftes & dans tous les fimples , comme remarquent les fçavans.

Les Poiriers hâtifs & delicats , font fort propres à cette expofition du Levant.

L'OCCIDENT.

L'expofition de la muraille du Couchant, eft pour les fruits robuftes, la Bergamotte y vient fort bien , & l'Amadote en efpallier, où il fait mieux qu'autre part.

LE MIDY.

La muraille expofée au Midy , eft pour

les bon - Chrestiens, les Bergamottes, le S. Lezin, la Virgouleuse, le Portail, le Beuré & toutes autres especes de fruits qui sont gros & fort pleins d'eau.

LE SEPTENTRION.

La muraille exposée au Septention, n'est bonne que pour les autres Poiriers, encore y vient-il peu de fruits.

L'amadote ne veut estre exposé à un si grand chaud, pour ce que son fruit est sec; il vient bien en plein air & en buisson, son exposition est le Couchant, comme il a esté dit.

Les fruits secs veulent les terres les plus humides.

Pour faire porter l'Amadote, il faut en Novembre en pleine Lune, le replanter & luy rafraichir les bouts des racines les coupant, & les branches fort longues, comme si l'on le plantoit en Mars; il faut gouverner ainsi l'Amadote, c'est à dire qu'aprés qu'il est bien repris de trois à quatre ans, où vous l'avez planté la premiere fois, il faut l'arracher & replanter comme dit est, autrement il ne porte point où tres - rarement.

Du bon-Chrestien, & autres especes de fruits sur Coignassiers.

LE bon-Chrestien, la Bergamotte, le saint Lezin, la Virgouleuse, le Portail, & le Muscadille, veulent estre greffez sur Coignassiers & mis en espalliers, pour porter beaucoup & de beaux fruits, ils ne font pourtant pas mal en espalliers, mais ils ne se chargent jamais tant.

La Bergamotte de Beugis veut estre en plein air.

Quand & comment il faut planter les Arbres, & du plan des Vignes.

LE temps pour planter les Arbres, est absolument en Novembre à la cheute des feüilles, & mesme dés la mye Octobre & plûtost si bon vous semble vers la fin de Septembre, lors de la retraite des seves, toûjours en pleine Lune, & il faut faire un trou de trois ou quatre pieds de large, & de deux, trois ou quatre pieds de profondeur & plus si vous voulez, l'emplir de bois terrein & le mêler avec la terre, & les planter là dedans.

Plus le fond sera bon, plus vous aurez de beaux fruits, c'est par ce seul moyen qu'on peut les avoir extraordinairement gros.

Avant de planter vos Arbres, il faut couper leurs racines assez longues par-dessous un pied de biche, afin qu'elles posent bien sur la terre, & les bien étendre autour à leur aise, vous coupez aussi le haut de vostre Arbre fort bas, comme d'un pied & demi de haut seulement, leur laissant pourtant les branches de bas, s'ils en ont de belles & longues pour avoir plûtost du fruit, quand vous ne leur laissez qu'une seule tige, ils sont plus long-temps sans porter, il faut leur laisser du vieil bois si l'on peut, c'est ce qui fait avoir les premiers fruits.

Vous plantez les espalliers à dix poulces ou à un pied prés de la muraille, en l'aprochant par le haut à deux ou trois poulces, & les contr'espalliers à distance de dix poulces des bordures exterieures de vos plattes bandes & un peu penchans par le haut vers icelles, pour les pouvoir attacher, comme il sera dit cy-aprés, sur un treillis de bois par carreaux d'un pied, &

liez

liez d'oziers ou de fil de leton.

Pour les Buissons, ils se doivent planter tout droits, au milieu desdites plattes bandes.

A toute sorte d'Arbres, il ne faut leur donner & laisser qu'un poulce ou deux au plus de terre, au dessus de leurs racines de haut, & qui approchent la surface de la terre, parce que le plus de terre les rend infeconds, en empeschant qu'ils ne reçoivent comme il faut les influences du Soleil & des autres astres, & les effets des pluyes, humiditez & rosées.

Il ne faut jamais planter d'Arbres pour estre conduits en espalliers, contr'espalliers, ou buissons aux angles & coins des murailles ou des plattes bandes des parterres, cela ne se peut souffrir parmi ceux qui entendent bien les Arbres. Ausdits coins desdits plattes bandes, on y peut mettre un Groseiller d'Holande en Arbre, ou un Rosier, ou un petit Arbuste.

La terre propre pour les Arbres à pepins, Poiriers ou Pommiers, doit estre franche, c'est à dire qu'il faut qu'elle soit noire, s'il se peut, ferme à la main & non beaucoup sableuse.

Pour les Arbres à noyaux, il faut au contraire qu'elle soit douce & sableuse.

Ces deux sortes de terre veulent estre

B

amandées également de bon fumier de vaches fort consommé , pour estre excellentes.

Explication du proverbe , plantez tost, greffez tard.

A Tous les climats, particulierement
aux froids , il faut se souvenir dudit
proverbe , qui dit, plantez tost , greffez
tard , parce que les fortes gelées arrivan-
tes aucunes fois de fort bonne heure, mesme dés devant les Advens , vous vous trou-
vez surpris & ne pouvez plus planter les
Arbres , parce que la terre est scellée , c'est
pourquoy il faut planter de bonne heure
comme il est dit , pour éviter cet accident,
comme aussi cet autre , s'il arrivoit que
vous les plantassiez tard par des gelées
moindres ou des neiges , parce que la terre
n'estant pas lors bien battuë & affermie
autour de vos arbres , comme elle auroit
esté par les pluyes d'Automne , les racines
de vosdits Arbres pourroient estre prises
des grandes gelées suivantes qui les feroient infailliblement mourir , ou pour le
tout , ou pour la meilleure partie.
Quand vous plantez vos Arbres seule-

ment en Mars, outre que vous rifquez
d'en perdre quelques uns, à moins de les arroufer durant les fechereffes, c'eft que vous
perdez une année pour avoir plûtoft des
fruits, que vous auriez gagnée fi vous les
aviez plantez dés l'Automne.

Il en faut ufer de mefme, à l'égard du
plan des Vignes, foit de coteret & bouture, foit de plan à racines, c'eft à dire
qu'il faut planter en Octobre pour affeu-
rer le plan, & pour gagner une année de
temps.

Toutes les humiditez de l'Automne &
de l'Hyver font reprendre voftre plan infailliblement, de quelque condition qu'il
puiffe eftre.

Ces deux derniers articles font mis icy,
en faveur de ceux qui ont des vignes, ou
qui en peuvent avoir.

Voilà ce qui regarde le plantez-toft.

Pour le greffez-tard, c'eft qu'il ne faut
point greffer que les arbres ne foient bien
en feve, ce qui arrive vers la fin d'Avril
pour ceux en fente, & vers le mois de Juillet & d'Aouft pour ceux en écuffon, foit
pouffant, foit dormant.

La façon pour faire & conduire une grosse Vigne.

M'Ayant pris envie d'en faire une dans un endroit de mon Jardin, j'ay consulté un honneste bourgeois de mes amis qui en avoit une dans le sien, laquelle il pretendoit refaire de nouveau, pour avoir esté mal plantée d'abord, ce disoit-il, & en cette conference, il m'a communiqué tout ce qu'il en avoit experimenté, pratiqué & appris des meilleurs Vignerons qu'il avoit entretenus sur cette matiere dont je vous fais part, & de ce que j'ay observé de moy-mesme & appris depuis, & encore d'autres personnes, le tout ainsi qu'il ensuit.

Pour faire donc une grosse Vigne, il faut que la terre soit franche, c'est à dire qu'elle ait du corps & soit ferme.

Il ne faut qu'un speau à racines dans chaque trou où vous plantez, si vous en mettez deux, il faudra en arracher un la seconde année.

Il est surperflu de dire qu'il faut rechercher les meilleures natures de speaux que vous pourrez trouver, parce que c'est delà

que dépend toute la bonté de voſtre Vigne
à l'avenir.

Il faut que le plan ſoit mis à quatre
pieds au moins de diſtance l'un de l'autre,
ſur des lignes droites tirées au cordeau, &
ſur la ligne d'entre deux lignes le planter
en pied d'audier & triangle.

Cette diſtance fait que voſtre plan a
lieu de bien étendre ſes racines, & de trier
beaucoup d'humeur de la terre, comme
auſſi ſert à donner bel air à voſtre Vigne
pour bien meurir ſes fruits, lors qu'elle
ſera parvenuë en ſon âge de vous les dé-
partir abondamment.

Vous n'obmettrez les premiere, ſeconde,
& troiſiéme année de voſtre plan, de le
tenir en labour, & le nettoyer de méchantes herbes, & le devez meſme décharger
de bois & jets, pour le fortifier par chacun an.

Au bout de trois ans que voſtre plan eſt
bien repris à la mye-Octobre, vous le raſ-
ſoyerez & provignerez une fois ſi vous
voulez, mettant tout le vieil bois en terre, & luy laiſſerez un ſeul jet de charge
que vous taillerez alors ou en la ſaiſon ſuivante, ſi bon vous ſemble, ſelon ſa force
& de voſtre terre, à deux, trois, ou quatre bouts hors de terre ſeulement.

Cette premiere année, vous luy laiſſe-

rez poufler un beau jet, maître ou montant
pour faire une ploye l'année d'aprés, &
les deux bouts au deflous ayans pouflé,
vous les arrêterez en aiflerons une feüille
au deflus de leur fruit qui fera au premier,
deuxiéme, ou troifiéme bouts ou yeux.

Pour conduire & tenir une Vigne en
état, il faut de forts échalats de fept à
huit pieds de haut & plus.

On laifle poufler de la hauteur de fix pieds
ou environ ledit maiftre jet ou montant
qui fera lié à fon échalat avec des glumeaux de paille ou de joncs, & ledit maître ne fera arrefté pour ne faire crever les
bouts pour l'année fuivante, qu'aprés qu'il
aura atteint ladite hauteur de fix pieds ou
environ, alors vous l'arrefterez par le bout
environ la fin de Juillet, à la hauteur un
bout ou deux davantage que vous donnerez à vos ployes l'année fuivante, le tout
felon la force du plan, comme il eft dit.

L'année d'aprés & les fuivantes vous
taillez en la faifon, ce jet ou jets (fi vous
en avez laiflé plufieurs) maiftres ou montans de l'année derniere à dix ou douze
bouts, laiflant deux ou trois crochets au
deflous taillez à un, deux, trois, ou quatre
bouts, felon la force de voftre plan & de
voftre terre comme deflus, & c'eft de ces
crochets que doivent fortir les deux, trois,

ou quatre maiſtres jets ou montans que laiſſerez pour l'année prochaine.

Et quand les feüilles & les Raiſins paroîtront bien au Printemps, & que le vert & le bois feront bien en ſeve, vous ployerez ces maiſtres en rond, ſi vous voulez & les attacherez premierement à l'échalat au droit des crochets, puis en bas au vieil bois de voſtre ſpeau, le tout avec des petits oziers.

Et quand il y aura deux maiſtres ou pluſieurs, vous les mettrez d'un coſté & d'autre de voſtre échalat, & c'eſt ce qu'on appelle des lunettes ou ployes, qui feront auſſi attachez à quelques échalats communs pour ſoûtenir leur fruit.

Tous les ans vous en ferez de meſme, taillant toûjours en la faiſon, & retranchant entierement de voſtre fouche & plan ces lunettes & ployes, déchargeant le trop de bois, laiſſant des crochets comme il a eſté dit, & tenant voſtredite fouche la plus baſſe & prés de terre que faire ſe pourra, & les maiſtres qu'aurez laiſſé l'année precedente, feront pliez en leur temps comme il eſt dit.

Cette taille & retranchement de lunettes & ployes, donne une belle connoiſſance & inſtruction à bien conduire, tailler & gouverner les treilles, pour les pou-

voir décharger du trop de vieux bois, leur
en laiffer du beau jeune, & par ce moyen
& de l'amendement qu'on leur peut donner, les obliger à beaucoup rapporter, fuppofé qu'elles foient de bonne nature, qui
eft le principal fecret pour les avoir bonnes.

Surquoy il eft à remarquer qu'il y a des
natures qui viennent bien en un lieu, &
qui ne feront rien qui vaille en un autre,
c'eft pourquoy il faut s'arrefter à celles
qui font propres à voftre climat & fond
de terre.

On laboure les groffes Vignes, on les
efurdente, écotrille, effeüille, arrefte &
rogne les aiflerons des ployes une feüille
au deffus des raifins, comme il a efté dit,
& on nettoye dans les faifons lefdites
groffes Vignes comme les autres, & on
les fume quand il eft befoin, & plus fouvent ordinairement que les petites Vignes.

Il y a des fonds de terre fi bons, qu'il
ne faut les fumer que rarement.

Si voftre groffe Vigne en rencontre un
de cette qualité, elle pouffera abondamment les cinq ou fix premieres années, &
les années fuivantes, il ne faudra l'amander
qu'aprés qu'elle aura paffé toute fa fou-
gue; alors vous la pourrez fumer fi vous
le jugez à propos felon voftre prudence.

Si

Si vous l'amandiez autrement que dit est, elle vous dôneroit plus de bois que de fruit.

En certains lieux où ils ont de grosses Vignes, au bout de douze ou quinze ans qu'ils voyent que la terre s'effrite, se lasse de porter toûjours une mesme plante, & que lesdites Vignes viennent en quelque façon steriles, ils en arrachent ordinaire-ment le quart, vendent le plan qu'ils en peuvent avoir tiré, l'ayant provigné le Mars auparavant en de beaux montans, & brûlent le reste des souches, & ayant bien labouré & amandé ce qu'ils auront arraché, ils le sement en bled, ou le lais-sent reposer une ou deux années, & en-suite ils le replantent de nouveau en gros-ses Vignes, & en son temps ce nouveau plan fait des merveilles.

Quand cedit nouveau plan commence à porter, ils arrachent encore un autre quart de leurs vieilles Vignes, & en font com-me il est dit cy-dessus, & ainsi des autres deux quarts restans alternativement, & de cette sorte, ils ont toûjours de bonnes Vignes & de tres grand rapport.

Cette observation pourra peut-estre vous donner envie de les suivre, quand vous le trouverez bon, s'il arrivoit qu'il vous écheût d'avoir des vieilles Vignes en mauvais état, que vous pretenderiez ré-

C

tablir par une autre voyé qui pourroit bien vous éloigner de voftre attente.

Entre les fpeaux de voftredite groffe Vigne, éloignez comme il eft dit cy-devant, vous y pouvez planter quelques chicorées, laictuës, ou petits poix nains, que labourerez & arrouferez, & cela ne nuira pas à voftre Vigne.

On peut faire des efpalliers, contr'efpalliers, & buiffons de Vignes fi l'on veut: à cela le jugement & la prudence de celuy qui les conduira en pourra bien ordonner, & il fe prevaudra, fi bon luy femble, de ce qui eft dit cy-devant, & fera dit cy-aprés pour les buiffons, efpalliers, & contr'efpalliers des Arbres.

Ce qui fera en buiffon, aura feulement de tige & fouche un pied de haut, faite comme une tefte de Saulx, & pourra porter trois ou quatre ployes au deffus de foy, ayant chacune dix ou douze bouts, & feront lefdites ployes toutes atachées en rond & fphere à l'efchalat qui fera fiché au milieu dudit buiffon, lequel aura auffi fes crochets, d'où fortiront les jets, maiftres ou montans pour l'année fuivante, & pour le refte, feront gouvernez comme il eft dit.

Ces groffes Vignes, comme l'on fçait, font de tres grand rapport, & ne font fi

sujettes à la gelée que les petites Vignes
qu'on appelle de provins.

Les grosses Vignes, pour être estimées
excellentes, doivent faire une piece de vin
à la verge, ou à peu prés.

Il fait beau voir en la haute Bourgogne
en pleine campagne, & par allées, les Vignes qui sont en contr'espalliers, & aux
autres endroits & Provinces où l'on en
fait.

En ladite haute Bourgogne pour fumer lesdits contr'espalliers, dont les speaux
sont éloignez de huit à dix pieds de tous
sens, ils font une grande fosse au pied de
chaque speau à l'Automne & l'emplissent
de bon fumier, & ce fumier estant pene-
tré des pluyes & humiditez de l'Automne,
de l'Hyver & du Printemps, fait faire de
merveilleux effets à ces Vignes, comme
vous pouvez juger.

Si vostre grosse Vigne ne meurit pas
bien, taillez-la à l'Automne en pleine Lune, comme j'ay dit cy-devant en mon
Avant-propos, & labourez-la au Printemps de bonne heure, & ainsi elle ne
meurira point devant les autres.

Cette taille d'Automne pourra aussi
estre pratiquée à l'égard des petites Vignes, tant pour les avancer de meurir que
pour faire profiter leur bois, quand il est

trop petit, & cettedite taille met ledit bois en l'état de celuy des Vignes qui sont plus fortes & plus grosses : il faut pourtant fumer les Vignes quand il est besoin.

Il est à propos de faire icy une remarque sur ce qu'on terre les petites Vignes, parce que la pluspart de ceux qui le font, n'en sçavent peut-estre point la raison, sinon qu'ils estiment avoir moyen de les mieux provigner : mais il y a bien une meilleure raison que celle-là, dont ils ne s'avisent pas, sçavoir est, qu'en mettant ainsi de la nouvelle terre, ils font en quelque façon un nouveau fond à leurs Vignes, & par ce moyen les rendent meilleures pour les causes cy-devant dites à l'égard des grosses Vignes.

Le dessus & le gazon de la terre des grands chemins est fort propre pour faire ce terrement de Vignes, & si cette terre mise en monceaux estoit reposée de quelque temps, & qu'elle eust passé un Hyver à l'air, avant de la mettre aux Vignes, elle seroit incomparablement meilleure & y serviroit d'un amandement tout entier.

De tout le discours des grosses Vignes devant dit, on peut tirer beaucoup de connoissance pour les petites & quasi toutes, puis qu'il ne reste plus qu'à provigner pour achever toute leur façon, c'est pourquoy je ne diray rien davantage pour lesdites petites Vignes, parce que tous les Bourgeois qui en ont, les sçavent parfaitement faire accommoder en y faisant toute la dépense necessaire, dequoy ils font tres-bien leur compte, quand il plaît à Dieu, comme il se voit par l'experience.

J'ay dit au titre precedent, le temps qu'il faut planter les Vignes, vous y pouvez recourir.

De la taille & conduite des Arbres.

ON les taille en Février ou Mars, & mesme en tous les mois de l'année en pleine Lune, ou le jour precedent, ou le suivant tout au plûtard, sinon il faut attendre une autre Lune (tant pour les former en leur commencement, les entretenir aprés, que pour empescher qu'ils ne montent tout à coup, à la hauteur qu'on leur veut donner, comme il sera dit cy-aprés, & au titre des distances & hauteurs) à la branche du milieu, au deuxiéme, troisiéme, ou quatriéme œil ou bouton du jet de la premiere seve de l'année precedente contre ledit bouton, en pied de che-

vre du coſté du Septentrion, pour aider à
recouvrir la playe, & cela tous les ans
juſques à ce que les contreſpalliers ayent
quatre pieds ou environ de hauteur, laiſſant toûjours venir les branches en forme
de bras étendus à côté de vos Arbres,
quelles qu'elles ſoient, à commencer dés
les premieres branches de bas à les conduire & entretenir ainſi, ſans les tailler
aucunement par les bouts.

Le moins que vous pouvez tailler à voſ-
dits Arbres, c'eſt le meilleur, il faut ſeulement couper ce qui vient devant, derriere, ce qui ne vous aggrée pas dans l'Arbre, & ce qui empeſche les paſſages, ne
laiſſant auſdits Arbres qu'une ſeule épaiſſeur de branches.

Et quand leſdits contr'eſpalliers auront
atteint à peu prés ladite hauteur, vous
aurez ſoin de plyer d'un coſté & d'autre
de vos Arbres, les dernieres branches de
haut, & ferez enſorte qu'elles s'étendent
tout le long de la diſtance d'un Arbre à
l'autre, comme des bras étendus, ainſi qu'il
eſt dit, & vous ne laiſſerez rien croître au
deſſus deſdites dernieres branches de haut,
mais couperez ou ébourjonnerez tous les
jets qui voudroient monter au deſſus.

Voilà le ſeul ſecret pour avoir de beaux
Arbres & des fruits en quantité, & cela a

esté ignoré de ceux qui en ont écrit jusques à present, assurement.

J'ay donné la raison de cette taille & conduite cy-devant, dans mon Avant propos.

Pour les espalliers & buissons, la hauteur est declarée cy-aprés au titre des distances & hauteurs, & jusques à ce qu'ils soient arrivez à ladite hauteur, il faut les gouverner, tailler & conduire comme lesdits contr'espalliers & les y entretenir.

Pour lesdits buissons, ils se taillent au deuxième ou troisième œil ou bouton de la seve cy-devant declarée, en tirant le trenchant de vostre lizot ou serpette toûjours vers vous, en tournant autour de l'Arbre, afin de leur donner bel-air : il faut les tenir vuides de branches dans les milieux, comme il a esté dit cy-devant.

Aux Pêchers & Pavys, on ne taille point non plus les bouts des branches, mais seulement le bois mort dés le commencement de Mars : mais le bois qui vient aprés devant & derriere, ou qui est de trop, il vaut mieux le coucher contre la muraille & l'attacher avec de petits oziers, ou des glumeaux de paille ou de joncs comme l'on pourra, en attendant le mois de Novembre, pour les couper & mettre bas, parce que si vous les coupiez pendant les seves, il se feroit sur les tailles une espece de gomme qui fait mourir lesdits peschers; vous pourrez si vous voulez décharger lesdits Pêchers & Pavys de beaucoup de fleurs & de fruits quand ils sont noüez, comme aussi les Poiriers de gros fruits, comme bon-Chrestiens, Bergamottes, Beurez, & autres, tant pour tenir vos Arbres en vigueur, que pour avoir de beaux fruits.

Aux bon-Chrestiens, deux Poires sur chaque portiere, suffisent pour devenir belles, le plus doit estre coupé par le milieu de la queüe en pleine Lune de Juin ou de Juillet.

D'une autre taille des Arbres vers la saint Iean Baptiste, c'est à dire environ huit jours devant, ou huit jours apres.

AUx Arbres, on taille derechef les jets qui poussent d'abondance par haut, devant & derriere vers la S. Jean Baptiste aux jours de la pleine Lune devant dits, sinon attendre l'autre Lune, tout contre l'Arbre, soit au corps, soit aux branches, si mieux vous n'aimez les ébour-

fonnier, & vous pouvez mefme décharger
lefdits Arbres du trop de bois,& les rabaif-
fer au deffus des deuxiémes ou troifiémes
fourches de bas ou de haut, fi vous les
aviez laiffé trop monter en leur jeuneffe,
on peut pourtant arrefter aucuns defdits
jets de devant, au deuxiéme ou troifiéme
bouton, quand on juge qu'ils font necef-
faires à l'Arbre, & qu'en les coupant plus
prés, il en pourroit jetter d'autres à caufe
de fa trop grande vigueur, & ces crochets
donnent du fruit en leur temps.

Les Abricotiers s'arreftent & gouver-
nent de mefme en les déchargeant.

Aux Cerifiers & Pruniers, on taille &
décharge feulement le trop de bois, & ne
fe taillent non plus par les bouts des branches.

Lefdits Cerifiers s'écuffonnent dés la
faint Jean Baptifte, comme auffi les Pruniers pour y greffer des Pavys & Pefchers,
mais pour y greffer des Prunes & des Abricotiers, ce ne doit eftre qu'entre la Magdelaine & la S. Pierre premier d'Aouft, le
premier ou le fecond jour de la nouvelle
Lune (fuppofé que cela arrive finon attendre) il faut toûjours prendre cet état de la
Lune pour greffer.

Il y en a qui écuffonnent lefdits Cerifiers & autres Arbres fur la fin d'Avril &

y reüffiffent , mais il faut bien prendre le
temps que l'Arbre foit parfaitement en feve , & la greffe où vous prendrez voftre
écuffon , doit eftre cueillie dés le mois de
Février , & cette forte d'écuffonner à beaucoup de rapport avec le greffer entre le
bois & l'écorce comme vous voyez.

On écuffonne fur des Abricottiers des
Péches & Pavys, & les fruits avancent &
meuriffent bien devant les autres , & font
lefdits fruits plus gros & plus delicats,
mais non pas de fi haute feve.

Des Grofeillers d'Hollande & autres.

ILs viennent mieux de bouture & fichez
que de plan à racines, foit en Automne, foit au Printemps, & quand ils font
bien repris les années fuivantes, ils fe doivent gouverner & conduire tout de mefme que les Arbres ; notamment il ne faut
leur couper les bouts des branches, ny les
arrefter qu'entant qu'elles vous empefche-
ront, & afin que les Grofeilles viennent
belles, il faut labourer & amander lefdits
Grofeillers, vous pouvez en faire des buiffons à l'ordinaire, ou les tenir en Arbres,

fi bon vous femble , leur donnant de tige
un pied & demy , les attachant à quelques
échalats , & ne leur laiſſant rien pouſſer
du pied.

Il y a des gens qui ont eſtimé que leſdits Groſeillers devroient eſtre arreſtez,
taillez, & rognez comme la Vigne , mais
ils ſe ſont trompez & moy meſme avec &
aprés-eux , c'eſt pourquoy je retracte ce
que j'en ay dit en mon premier Livre , parce que l'experience du depuis m'a fait connoître le contraire.

Leſdits Groſeillers d'Hollande , ſe con-
duiſent & attachent contre les murailles,
ainſi que les eſpalliers de ſix à ſept pieds
de hauteur,& n'eſtans ſujets à couler comme les Groſeillers communs ; ils ſont un
tres grand profit , & ſont merveilleux à la
veuë, pour la quantité , groſſeur, qualité,
& éclat de leur fruit.

On fait auſſi des contr'eſpaliers deſdits
Groſeillers , dont la conduite eſt cy-aprés
declarée au titre des diſtances des Arbres.

La terre propre pour leſdits Groſeillers,
doit eſtre ſableuſe, graſſe, & humide , &
dans un fond de cette qualité , elles viennent une fois plus groſſes qu'autre-part.

Il faut pourtant renouveller le plan deſdits Groſeillers de dix ans en dix ans , pour
les avoir toûjours belles , pour les raiſons

qui font dites cy-devant à l'égard des Vignes & qui feront dites cy-aprés auffi à
l'égard des Poiriers fur Coignaffiers.

Quand on n'a point un fond naturellement de la condition dite cy-devant, on
peut en faire un artificiel, en plantant lefdits Grofeillers dans du fable amandé & en
quantité fuffifante, & lors qu'ils porteront, il les faut arroufer fort fouvent au
temps que leur fruit commence à meurir.

Comme les grofeilles blanches appellées
improprement Gadelles, font plus fujèttes à
couler que les rouges d'Hollande : on dit
qu'il faut planter ces Grofeillers blancs
contre les rouges qui font leurs mâles, &
par ce moyen lefdits Grofeillers portent,
s'arreftent, & ne coulent pas fi fort : mais
j'aimerois mieux greffer lefdits Grofeillers
en approche, ce qui fe fait en trouant la
tige d'un defdits Grofeillers avec un vil-
berquin, & par ce trou y faire paffer l'autre, ou bien faifant une entaille dans l'un
& y placer l'autre, les lians bien enfemble
avec du chanvre, & les arreftant à quelque
fort échalat, & mettant fur ledit trou ou
entaille de la forte terre mêlée avec de la
boüe, afin que les feves ne s'éventent pas;
& quand l'année fuivante vous les voyez
bien joints & ledit trou ou entaille bien
remplis, vous les fevrerez & feparerez l'un

de l'autre avec le couteau, tout prés de ladite tige, n'en faisant qu'un seul Arbre qui portera de cette façon deux sortes de groseilles, & ainsi vous parviendrez (avec avantage) à voftre intention, qui eftoit d'empefcher feulement que lefdites pretenduës gadelles ne coulaffent pas.

Les Grofeillers blancs, dont il fera parlé incontinent, ne font point fujets à cet écoulement; c'eft pourquoy il n'eft point neceffaire pour eux, de pratiquer ce qui vient d'eftre dit.

Les Grofeilles rouges & les blanches, felon les Medecins, ont la vertu, fçavoir celles-cy de rafraichir le ventricule échauffé par la bile, d'arrefter le flux de fang, & d'adoucir toutes fortes d'inflammations en les fechant, & celles-là de guerir les fiévres, d'appaifer la foif, les vomiffemens, & auffi le flux de fang.

Comme parmy les Grofeillers rouges, il y a les communs & ceux d'Hollande qui font incomparablement meilleurs.

De mefme parmy les blancs, il y en a de communs & de particuliers, qui font auffi appellez d'Hollande, & donnent leur fruit un mois ou fix femaines avant les autres, voire mefme devant les rouges au moins trois femaines. Ce font lés veritables Gadelles qui ont la feüille plus étroite & plus jaune que les communes & faite en feüille d'ortie ; elles ne coulent point du tout, & font leur fruit un peu plus roux que les communes qui sont de vray un peu plus blanches, mais non pas si bonnes.

Il fait bon d'avoir de cette race, elle est de profit, & donne beaucoup de satisfaction.

L'ennemi juré des Groseillers, sont les Fourmis ; on les prend dans des phioles de verre, emplies à moitié d'eau, où vous avez delayé le gros d'une noisette de miel : on attache ces phioles aux groseillers, & ces bestioles qui aiment le sucre, vont à cet appas & se noyent : quand il y en a beaucoup de prises, il faut les jetter dehors, & renouveller la drogue.

Ces phioles ainsi accommodées prennent aussi les mouches, c'est pourquoy l'on en met proche des raisins curieux.

Aucuns pour détruire lesdits fourmis, font chauffer de l'eau, & toute boüillante qu'elle est, la jettent dessus leur fourmiliere, & ainsi les font perir.

Du labour des Arbres, & s'il faut arrouser lesdits Arbres ou non.

ON laboure les Arbres quatre fois l'an, sçavoir en Mars & en Octobre d'un fer de béche entier, & en May & Juillet d'un demy fer seulement, pour faire mourir les herbes & leur bailler un nouveau labour : on ne doit rien semer ou replanter, du moins plus prés que de deux pieds, pour y demeurer plus d'un labour à l'autre.

Ce labour ne doit jamais estre negligé, c'est ce qui fait absolument les bons Arbres.

Les Arbres ne peuvent souffrir prés d'eux, des bordures de Buis, ou fortes herbes : on y peut planter à la distance que dit est, une bordure de Fraiziers, de Cerfeüil, ou d'autres herbes qui ne mangent point la graisse de la terre, comme font lesdits buis & autres fortes herbes.

Il y en a qui veulent qu'on arrouse les Arbres durant les secheresses pour avoir de plus gros fruits : cela peut estre bon quand les Arbres sont jeunes plantez, com- d'un, deux, trois ou quatre ans, que les

racines ne font pas encore bien profon-
des, mais quand ils font plus vieux plantez, je ne vois rien de plus inutile, parce
que leurs racines s'eftant approfondies, il
eft impoffible que l'arroufement aille jufqu'à leur extremité, ce qu'il peut faire eft
de moüiller feulement la fuperficie de la
terre, ce qui la rend dure, & reba-
tuë, c'eft pourquoy il faut attendre la
pluye & le grand arroufoir du Ciel qui
vient de temps à autre, quand il plaift à
Dieu, & lequel fait faire des merveilles
aux Arbres pour leur nourriture & celle de
leurs fruits, & ce en tombant doucemenr
fur la terre & portant fa fecondité par les
pores & veines d'icelle, fur toute l'étenduë & profondeur des racines des Arbres
à l'interieur, & à l'exterieur fur les fruits
qui font attachez aufdits Arbres.

Si nonobftant ce raifonnement, on veut
arroufer les Arbres : il faut en ce cas faire
un trou confiderable à chaque pied d'Arbre, le plus prés de la tige qu'on peut, &
dans ce trou y jetter deux ou trois feaux
d'eau, & eftant imbibée, vous rempliffez
le trou de fa terre.

Mais qui ne voit que ce travail eft ca-
pable (quand on a beaucoup d'Arbres) de
laffer les plus laborieux à moins d'avoir
l'eau fort en main, encore faut-il recom-
mencer

mencer souvent cet arrousement, si l'on pretend qu'il fasse quelque effet : voila tout ce qu'on peut dire touchant l'arrousement des Arbres, ce me semble.

Aux jeunes Arbres, aprés un petit labour, on doit mettre autour de leur tige de la longue paille, des herbes ou de la fougere, & sur cela les arrouser aussi souvent qu'on veut pour les aider à bien pousser.

Des Fumiers.

ON fume les Arbres en Hyver, de quatre ans à autres, de fumier bien consommé.

Celuy de Vaches est le meilleur & le plus gras de tous.

Celuy de Mouton est gras aussi, mais plus chaud que celuy de Vaches, il est propre pour les terres froides.

Celuy de Cheval est le moins gras & le plus chaud de tous ; il n'est pas bien propre pour les Arbres, il est meilleur pour les potagers & legumes : on s'en sert pourtant par tout, quand il est fort consommé & meslé avec d'autres fumiers.

Le fumier de Porc, est le plus froid de tous, & le meilleur pour les terres brûlantes ; il est excellent aux Arbres qui jau-

D

niſſent, il les fait reverdir, mais il le faut enterrer auſſi-toſt qu'on le répand ſur la terre.

Pour cette maladie de la jauniſſe des Arbres, il y en a qui ſe ſervent de ſuye de cheminée, & diſent que c'eſt meſme un amandement pour les Arbres.

Le ſien de Pigeons eſt trop chaud tout frais, comme auſſi celuy de poules : mais quand leur chaleur eſt éteinte, ils font merveilles pour raviner les Arbres & leur donner nouvelle vigueur ; ils perdent leur force en deux années : on les laiſſe un Hyver à l'air, & au Printemps on les enterre.

Du Coignaſſier.

LE bon Coignaſſier ne fait point de bourlet à la greffe, & pour ce doit eſtre de la femelle qui ſe nomme communement Coignaſſe, qui eſt plus peluë & hoiraſtre que le maſſe.

Il y a des pommiers de Coing, auſſi bien que des poiriers, ces pommiers portent des fruits ronds & petits, il ne faut pas greffer ſur ces pommiers, ſi vous pretendez avoir de belles poires.

Des distances des Arbres, & hauteurs des espalliers & buissons.

LA distance des Arbres en espalliers, contr'espalliers, & buissons sur Coignassiers doit estre de quinze pieds au moins d'un Arbre à l'autre, plus prés ils se nuisent & ne se peuvent pas bien conduire.

En mon premier Livre, je les avois mis à douze pieds, je m'en retracte.

On doit mettre entre cette distance de quinze pieds, deux Groseillers d'Hollande, leur donner deux pieds & demy de tige & les tenir en Arbres : il faut les mettre à cinq pieds l'un de l'autre, ou bien en mettre un seul dans le milieu & le conduire en contr'espallier, l'attachant au treillis de bois de vos Arbres.

La hauteur des buissons, doit estre au plus de cinq pieds, mais quand ils sont en bastardiere, on les laisse de toute la hauteur qu'ils peuvent venir.

La hauteur des contr'espalliers est cy-devant declarée, au titre de la premiere taille des Arbres.

Aux espalliers sur Coignassiers, on leur

donne toute la hauteur des murailles ſi l'on veut, qu'il faut pourtant reduire à dix ou onze pieds de haut, le plus pouvant faire tort à vos Arbres, à moins qu'ils ne ſoient bien amandez & déchargez du trop de bois.

Aux eſpalliers ſur francs, on peut leur donner tant de hauteur qu'on veut.

Pour les francs, la diſtance doit eſtre de vingt pieds l'un de l'autre, au moins.

En mondit premier Livre, je les avois mis à dix-huit pieds, je m'en retracte comme deſſus.

La diſtance des Pommiers ſur paradis, doit eſtre de douze pieds au moins.

Les Poiriers ſur Coignaſſiers ſe peuvent mettre à ſept pieds & demy, pour en lever un entre deux, au bout de cinq à ſix ans.

On peut mettre les Pommiers ſur Para-radis à ſix pieds, pour en lever auſſi un entre deux comme dit eſt.

Les Pommiers de paradis qui ne ſont point greffez, ſe peuvent mettre à cette diſtance de ſix pieds ſeulement, il faut leur laiſſer une ſeule tige, & les empeſcher de rien pouſſer du pied.

Ceux qui ont voulu qu'on mis les Pom-miers greffez ſur paradis, à ſix ou ſept pieds de diſtance ſeulement, ſe ſont trom-pez auſſi bien que moy en mon premier

Livre, dont je me retracte aussi : il leur faut de distance douze pieds au moins, comme il vient d'estre dit cy-devant.

Et pour les en convaincre civilement, je leur fais part d'une assez curieuse remarque que j'ay faite : sçavoir que la greffe qui se met sur lesdits paradis fait une espece (pour ainsi dire) de flux & de reflux, par communication de sa seve dans l'une & l'autre de ces deux natures d'arbres, enforte que ce qui est du paradis devient plus gros que de sa nature il ne doit estre, & ce qui est du franc ne devient pas si gros qu'il devroit, & ainsi ces fortes d'Arbres font partie nains, partie grands ; c'est pourquoy il leur faut plus de distance que s'ils estoient seulement sur paradis non greffez.

Des Tiges.

LA tige ne doit avoir que demy pied de haut, pour les Poiriers espalliers & contr'espalliers sur Coignassiers.

Pour les buissons aussi sur Coignassiers, ou sur paradis, elle doit estre d'un pied.

Il faut observer que les buissons ne font gueres propres dans les petits Jardins, ils veulent estre en grand air & déchargez de

bois dans le milieu feulement comme il a
efté dit cy-devant ; c'eft pourquoy dans les
grands Jardins mefme , ils occupent beaucoup de place, entreprennent dans les allées , & fi vous les reduifez trop, ils donnent peu de fruits , il vaut mieux en faire
des plans particuliers , en forme de baftar-
diere en quelque lieu à l'écart (comme il
a efté déja remarqué) pour n'embarraffer
la veuë de voftre parterre , ce qu'ils feroient, s'ils eftoient de la hauteur & figure
cy-devant declarées.

Je fçay qu'à prefent , on met des buiffons dans les plattes bandes des parterres,
& qu'on les tient tout bas & fans aucune
tige & qu'on les tient auffi vuides de branches dans les milieux ; mais en verité ce
font des amufemens comme l'on peut dire,
& on eft obligé aprés tout, ou de les arracher , ou de les laiffer croître avec plus
de liberté , ou bien enfin de les reduire en
contr'efpalliers.

Les francs doivent avoir auffi de tige un
pied.

Ces fortes d'Arbres, Pommiers, ou Poiriers font plus propres à haute tige de fix
à fept pieds, particulierement les Pommiers , toutesfois en efpalliers & contr'efpalliers les uns & les autres font tres-
bien , quand ils font plus arreftez , con-

duits & tenus de la forme & hauteur des
contr'espalliers devant dite (pour ce qui
sera en contr'espalliers) & ne leur laissant
qu'une seule espaisseur de branches , non
plus qu'aux espalliers , comme il est dit
cy-devant.

Des bon-Chrestiens & autres fruits greffez sur francs.

LE bon Chrestien ne fait pas ordinairement beau fruit, & ne vient pas
tant bien greffé sur le franc , le Bezi d'heri,
le Portail , les Oranges , & les Beurez , y
viennent beaux & bons , & y reüssissent
bien, les Rousselets & Portail viennent
difficilement sur le Coignassier , c'est pourquoy il en faut greffer tres-peu, & leur
tailler du bois le moins qu'on peut , comme il sera dit cy-aprés des Pommiers greffez sur Paradis & des Poiriers d'oranges.

De palliffer les Arbres.

LA plus facile sorte de les palissader
contre la muraille , est avec la liziere

de drap, ou avec des morceaux d'éguillet-
tes de cuir de Chien ou de Chamois attachez avec de petits clouds sur des chevilles à futailles & tonneaux, mises entre les
joints des pierres, ou autrement vous avez
des morceaux de bois de chesne, mis dans
la muraille lors qu'on la fait, ou les y faire
sceller, iceux de la grosseur du bras & longs
à discretion sortans ladite muraille d'un
poulce & demi en dehors, où l'on fait des
trous d'un poulce de profondeur qui répondent l'un à l'autre, dans lesquels vous
mettez des échalats de quartier, ausquels
vous attachez les branches des Arbres,
soit avec du fil de leton, ou de petits
oziers, ou avec des glumeaux de paille
ou de joncs, & on conduit les Arbres
espalliers en forme d'un éventail éten-
du, ou d'une main ouverte, dont les doigts
sont fort étendus & bandez : il ne faut laif-
ser aux Arbres qu'une seule épaisseur de
branches, & prendre garde qu'elles ne se
croisent ny touchent l'une l'autre pour le
plus beau.

Si vous faites des chassis de bois de chef-
ne, qui est la plus grande mode d'apresent:
il faut que vos Arbres soient toûjours en
dehors attachez ausdits chassis, il y a encore d'autres façons d'attacher les Arbres
contre les murailles, sçavoir entr'autres
d'avoir

d'avoir des gaules ou moyennes perches
de bois bien droites & pelées (s'il se peut)
tenuës fermes contre lesdites murailles
par trois rangées & lignes de mesmes perches qui les serrent & étreignent à angles
droits, sçavoir une au milieu, & les deux
autres en bas & en haut, attachées avec
des oziers à des chevilles & morceaux de
bois (ayans teste) fichez dans lesdites murailles, ou à des crochets de fer y attachez avec plaftre, & ces perches de la hauteur de sept à huit pieds sont mises per-
pendiculairement & paralellement à six
poulces prés l'une de l'autre, il ne faut pas
qu'elles descendent jusques dessus la terre
qui les feroit pourrir.

Au surplus, chacun invente à sa fantaisie & commodité de ces sortes de palisser.

J'ay obmis à dire, parlant de ces morceaux de bois scellez dans la muraille, declarez au premier article du present titre,
qu'il faut qu'ils soient mis sur lignes droites : les morceaux qui seront sur la ligne du
milieu seront fichez à huit pans, & ceux
des autres lignes n'en auront chacun que
quatre, & le tout composera des angles,
pieds d'audiers & franc-de-carreaux.

Tout ces pans auront chacun leur trou,
pour y tenir & recevoir les échalats de
quartier, comme il est dit, ausquels feront

attachez les Arbres, & quand ces échalats
font rompus ou pourris, on les retire & y
en met. on d'autres facilement en les pliant.

Pour les contr'efpalliers, on les conduit avec de forts échalats, ou l'on leur
fait une clofture de bons pieux. tenus fermes par des petites perches y attachées en
carreaux par des oziers, & là deffus vous
attachez vos Arbres, & quand ils font âgez
ils fe tiennent affez d'eux-mefmes.

Pour avoir du plan de Coignaffier.

AYant une bonne efpece de Coignaffe femelle, il faut la tailler à un poulce prés de terre en Mars en nouvelle Lune,
& quand elle aura pouffé fes jets un pied
de haut & plus, le butter d'un pied de
haut de bon terrein & de bonne terre
mêlez enfemble, & fur la fin de l'Automne fuivant, les lever en les feparant de
leur fouche, où ils auront fait racines fi
vous les avez bien arroufez, enfuite recouvrir ladite fouche d'un peu de terre, en
Février d'aprés la découvrir, afin qu'elle
pouffe de nouveaux jets pour eftre buttez
comme la premiere fois & levez, & faire
ainfi tous les ans.

La Coignaffe femelle du Gaftinois, eft

en estime par dessus beaucoup d'autres; celle de Portugal est la plus excellente de toutes à ce qu'on dit; chaque pays peut avoir sa particuliere espece qui vaut quelquefois mieux que ces étrangeres là.

Quand vous en aurez de l'une ou de l'autre façon, il faut en planter des gros pieds, à quatre pieds de distance l'un de l'autre pour avoir beaucoup de plan, & ce de la sorte qu'il vient d'estre dit.

Du Pommier de paradis & la bonne espece.

LE Pommier de paradis se peut accommoder de mesme, mais il vient plus viste de bouture & fiché.

Pour avoir de la bonne race, il faut de celuy qui porte des Pommes toutes blanches, les autres qu'on appelle communement des boutes-terres, sont des especes de francs qui jettent beaucoup de bois & donnent peu de fruits, à moins d'estre traittez en francs, comme il est dit cy-devant.

Les fruits greffez sur paradis viennent gros & beaux à merveilles, & rapportent beaucoup.

Ces sortes d'Arbres jettent peu de bois,

c'eft pourquoy il faut leur en tailler le moins que l'on peut.

Les Poiriers d'oranges d'Efté & d'Automne, fe doivent gouverner de la mefme forte.

Obfervations pour les Arbres francs à haute tige & autres, & des outils pour y travailler, les nettoyer & medicamenter.

LEs Arbres à haute tige, doivent eftre plantez à l'abry des vents du Midy s'il fe peut, parce que lefdits vents au mois de Septembre, jettent bas les trois quarts & demi de leurs fruits ; c'eft pourquoy les efpalliers & contr'efpalliers ont l'avantage fur les hauts Arbres pour cela, à caufe de leur baffeffe & fermeté.

Aux vieux Arbres, on doit ofter les vieilles écorces jufqu'au vif avec la ferpe, ou une bêche bien tranchante durant l'Hyver, & les décharger du trop de bois en pleine Lune de Février és trois jours cydevant dits.

On peut couper la tefte aux vieux Arbres à un pied au deffus des fourches de bas pour les rajeunir, cela se doit aussi faire à vos espalliers, contr'espalliers & buissons sur Goignassiers ou sur francs, quand ils sont trop vieux & que les feüilles jaunissent extraordinairement (ce qui fait voir qu'ils sont malades ou sur leur declin) & sur les playes il y faut mettre un cataplasme fait de forte terre & de crottins de Cheval ou de bouzes de Vaches bien liez & mêlez ensemble, cela fait que les Arbres ne s'éventent pas, & qu'ils se recouvrent avec le temps sans peril de pourrir.

Il faut toûjours couper toutes sortes de branches tout contre le corps de l'Arbre; pour les couper nettement, il faut avoir un cizeau de Menuisier qu'ils appellent fermoir & un maillet de bois pour fraper dessus, cela est necessaire à ceux qui veulent faire les choses proprement & bien.

Cette composition de forte terre devant dite, est propre pour greffer en fente, & mettre à toutes les tailles qu'on fait au corps des Arbres, particulierement celle avec la bouze de Vaches que l'on met aussi aux chancres qui y viennent, lesquels il faut decerner jusques à la vive écorce.

Ceux qui desirent plus de propreté & faire un peu davantage de dépence, pour mettre sur leurs greffes en fente & sur les playes des jeunes Arbres.

E iij

Prendront un tiers de cire, un tiers de poix-resine, & un tiers de suif de chandelle, & le tout estant fondu & allié bien ensemble.

Ils feront une composition qu'ils appliqueront sur lesdits greffes & playes, ainsi qu'ils voudront.

Mais il faut qu'ils ayent un peu d'huile pour en frotter leurs doigts auparavant, afin que cette composition estant refroidie & maniée, n'adhere & ne s'attache point à leurs mains, comme elle feroit sans cette precaution.

Aux grands Arbres greffez sur francs, quand on reconnoît qu'il est necessaire de les fumer, il faut au mois de Novembre les déchausser d'un demy pied de profondeur, quatre ou cinq pieds autour de la tige, & selon sa grosseur, & ensuite répandre dessus du fumier bien gras & à demy pourry de demi pied de hauteur, à un pied seulement proche de la tige : l'on rejette au Mars d'aprés la terre dessus le fumier en mettant les gazons dessous.

Ce déchaussement & amandement frequent, fait avoir la quantité & la qualité des fruits en grosseur ; c'est pourquoy il le faut faire souvent, comme de deux ans en deux ans.

Quand on ne veut point fumer les Arbres, on se contente de les déchausser en Novembre comme dit est , & on attend aussi en Mars à les rechausser & jetter la terre comme dessus, & ainsi toutes les humiditez de l'Hiver engraissent le fond de leur terre & penetrent jusques au dessous de leurs racines.

Cela se peut, & doit aussi faire aux Arbres greffez sur Coignassiers ; mais quand vous les voulez rajeunir, comme il a esté dit, vous taillez encore, si bon vous semble, leurs racines à trois pieds ou plus de leurs troncs & tiges en pied de chévre par dessous , aprés les avoir découverts le plus dextrement que pourrez.

Cela fait, vous les amanderez & recouvrirez comme dessus , par ce moyen vous conserverez vos Arbres tant qu'il vous plaira.

Cette sorte d'ouvrage est bonne à faire au renouveau, quand on doit tailler les Arbres.

Il faut nettoyer la mousse qui vient aux Arbres avec un couteau de bois quand il a pleu, cette mousse est la gale des Arbres qui leur nuit extrémement & à leurs fruits.

De la durée des Poiriers, greffez sur Coignassiers & sur francs.

POur répondre par précaution, à la demande qu'on me pourroit faire, combien peuvent durer les Poiriers greffez sur Coignassiers & sur francs ; je diray à l'égard des Coignassiers que je n'estime pas qu'ils puissent durer bien vigoureux, aprés trente ans passés, quelque bon fond qu'ils ayent, quelque amandement, labour & précaution qu'on y puisse apporter : ma raison est, que les racines de bas ne pouvant estre amandées & arrosées, la terre s'éffriche, s'use, & se lasse de porter toûjours une mesme plante, ce qui les rend ou infeconds, ou les fait mourir en tout ou en partie ; c'est pourquoy il faut avant qu'ils ayent atteint cet âge de trente ans, en replanter de nouveaux entre-deux Arbres, & quand ces nouveaux auront quatre ou cinq ans, & que vous verrez vos vieux pericliter, vous les arracherez à mesure qu'ils vous déplairont & qu'ils jauniront, secheront, & rabougriront.

Un plan de quinze ans, d'une douzaine de Poiriers greffez sur Coignassiers donnera plus de fruits que deux douzaines qui auront trente ans ; ce qui fait voir que ces sortes d'Arbres doivent estre dans un certain âge pour bien faire, c'est pourquoy il faut faire de temps en temps un plan nouveau, si vous pretendez avoir de beaux fruits & en quantité.

Pour les Poiriers & Pommiers sur francs & sur paradis, ils peuvent durer quarante à cinquante ans en vigueur, bref toute la vie d'un homme.

Liste des meilleurs fruits.

LEs meilleurs fruits & qui sont plus en estime, pour les Poires, ce sont bons Chrestiens d'Esté & d'Hiver, le Muscat hastif gros & petit, le Portail, l'Amadote, les Bergamottes d'Automne & d'Hiver, le S. Lezin, le double Fleur, le Bezi-d'heri, les Beurez de deux sortes, les Messire-Jean gris & doré, le Figué, le Rille, les Mouille-bouches, le Cuisse-Madame, les Oignons musquez, le Rouville, les Oranges de diverses sortes, le Cailleau-rozat d'Hiver, le Rolland, la Verte longue, les Rousselets, la Virgouleuse, &c. Mais aprés tout, il faut greffer & avoir

des bon-Chrestiens d'Hyver, dix fois autant que d'autres Arbres ; parce qu'outre que ce font les meilleurs fruits de
tous fans conteftation, c'eft qu'ils font
bons dés que vous les cueillez & qu'ils fe
confervent mieux qu'aucun autre jufques
aux nouvelles, & l'emportent par deffus
tous les autres fruits pour leur bonté, beauté, & groffeur fi prodigieufe, qu'un homme de merite m'a mandé autrefois de Paris, qu'il en avoit dépoüillé de trente-
deux onces de pefanteur, fur ce que je
luy avois écrit que j'en avois eu de dix-
fept onces de poids.

Et j'en ay découvert la raifon, c'eft
qu'il avoit fes Arbres au pied des couches
à Melons, & cet amandement & l'arroufement frequent qu'on leur donne, faifoit
cét effet extraordinaire aufdites Poires in-
dubitablement.

Cette derniere remarque fait voir en
quelque façon la verité de l'axiôme de la
Philofophie, qui dit, que le chaud & l'humide font les principes de la generation.

Il y en a qui eftiment que les fruits greffez fur Coignaffiers font plus rudes & a-
greftes au gouft, que ceux greffez fur
francs ; je crois que cela eft vray, mais
ils portent leur indemnité par la groffeur,
couleur, & beauté de leurs fruits fur les
autres.

Pour avoir de tous ces beaux fruits devant declarez, il faut qu'ils foient greffez, comme il a efté dit cy-devant, chacun felon fon efpece.

Entre lefquels fruits, il y en quatre Provinciaux, fçavoir le bon Chreftien qui vient de la Touraine, l'Amadote de la Bourgogne, le Portail du Poitou, & le S. Lezin de l'Anjou.

Pour les belles Pommes, ce font les Reinettes groffes de plufieurs fortes, les Courpendus, les Calvils rouges & blancs, l'Apis gros & petit, les Fœnoüillés, les Paffe pommes, &c.

Il faut que ces fruits foient greffez fur des Paradis, pour eftre raviffans.

Les plus eftimez entre les Pêches & les Pavys, ce font les Alberges, les Pêches perfiques, de Pau, de Narbonne, les Violettes, les Brignons mufquez, l'Admirable, de la Magdelaine, la belle Chevreufe, gros Pavis, Meliortons, ou Mircotons, &c.

Pour les Prunes, ce font la Mirabelle, les prunes de fainte Catherine, les Imperiales, les Ifle-vertes, Alterfes ou de Monfieur, les Datilles rouges & blanches, les Damas noir, fucrés rouge & blanc, &c.

Il faut les greffer fur des Damatiers noirs.

De la cuëillette des Fruits.

LEs fruits d'Automne, Poires, & Pommes, se doivent laisser meurir sur les Arbres le plus que l'on peut, celles d'Hiver se doivent seulement cueillir dans le decours de la Lune d'Octobre, qui arrive ordinairement és environs de la S. Martin d'Hyver.

Les Poires Beurez, le Beuré commun, l'Isembart qui est le rouge, la Bergamotte, & le bon-Chrestien d'Esté, bref tous les fruits à pepins de cette saison d'Esté, se doivent cueillir avant leur entiere maturité, ils en deviennent meilleurs estans gardez, ledit Isambart ou Beuré rouge, se mange au commencement de Septembre, & ne se peut garder que fort peu de temps.

De la conservation des Fruits.

LEs Poires de bon Chrestien, de S. Lezin, de double fleur, de Portail, de Bergamotte d'Hyver, & autres fruits de garde pour estre conservées, se doivent

fceller par le bout de la queuë avec de la
cire d'Efpagne, ou de la poix, pour arrêter la feve, puis les envelopper de papier
bien fec, & les mettre dans quelques boif-
feaux ouverts, cela leur fait prendre une
belle couleur jaune.

On peut les mettre auffi dans des armoi-
res ou coffres bien fermez.

Les autres fruits plus communs fe gardent dans la ferre, qui eft un lieu de voftre
maifon expofé au Soleil de Midy, bien fermé fans autre ouverture que d'une petite
& baffe porte, le dedans garni de planches, fur lefquelles vous mettez vos fruits
fans qu'ils fe touchent l'un l'autre ; ces
planches y doivent eftre accommodées à
la façon de celles où les Marchands Mer-
ciers ferrent leurs marchandifes de foye.

Et pour faire voftre ferre meilleure, il
faut que le plancher de bois de bas & fur
lequel vous marchez, foit garni par deffous de charbons, cela la tient plus chaude, & mefme fi l'on y defcend par trois
ou quatre marches, elle n'en vaudra que
mieux.

Comme les loirs, les rats, & les fouris
peuvent manger vos fruits & raifins, tant
fur les Arbres que dans la ferre.

Je veux vous faire part d'un inftrument
dont je me fers, pour prendre ces facheux
animaux.

C'eſt un ratier, ou coffret de la longueur d'un pied & plus, de fort bois de
cheſne, haut de huit poulces & plus, où
il y a une couliſſe à un bout qui s'éleve
avec une ficelle attachée à une longue bacule ſuſpenduë qui s'arreſte legerement à
un petit fil de fer qui paſſe dans le creux
dudit coffret, où eſt miſe l'amorce qui eſt
de la noix ſeche grillée au feu, de quoy
ces animaux ſont fort friands, & en tirant
ladite amorce, ladite bacule ſe lâche, &
ils ſont pris, vous les voyez tous vifs là
dedans par la petite grille de fer qui ſe
doit faire au bout oppoſé de ladite couliſſe,
& pour les faire mourir, vous les noyez
dans un ſeau d'eau, en laiſſant toûjours
voſtre coffret bien fermé, de crainte qu'ils
ne s'échappent.

Vous les détruirez ainſi juſques aux derniers, particulierement les loirs, qui ſont
ceux qui font ordinairement plus de degât
aux fruits qui ſont ſur les Arbres.

Cet animal eſt ſi malin, que ſi vous mettez de l'arſenic ſur l'entameure qu'il a faite
au fruit, au lieu d'y donner, il a l'addreſſe
d'aller manger ce meſme fruit par deſſous,
& ainſi vous fruſtre de voſtre attente qui
eſtoit de le faire mourir par poiſon.

Les Clinqualliers vous feront joli-
ment cét inſtrument devant declaré, pour

les prendre infailliblement, & un de mes
amis m'a dit autrefois qu'il en avoit pris
foixante & dix pour une année, jugez quel
dégât cela peut faire dans un jardin.

Il y a encore une autre invention pour
prendre tous ces animaux facilement, ce
font deux thuiles bien droites mifes l'une
fur l'autre, en forme d'un livre à demi-ou-
vert, foûtenuës d'un quatre de chiffe de
marchand, fait de trois petites buchettes de
bois enclavées & entaillées l'une dans l'autre ; ce quatre de chiffre a fon montant
qui foûtient lefdites thuiles de la hauteur
de trois poulces ou environ, d'un quart
de poulce de large, de l'épaiffeur d'un tefton, amoindrie par le haut comme la languette d'une fouriciere ordinaire, le defcen-
dant dudit quatre de chiffre eft de deux
poulces & demy de longueur, large d'un
tiers de poulce, d'épaiffeur auffi d'un tefton, amoindrie auffi par un bout, comme
il vient d'eftre dit, & en l'autre ayant une
entaille faite ainfi qu'aufdites fouricieres
ordinaires pour arrêter leurs languettes;
la troifiéme piece & le bas dudit quatre de
chiffre, eft longue de quatre poulces, large d'un demy-pouce, d'épaiffeur auffi d'un
tefton, avec une entaille dans le milieu
faite en triangle, un des bouts accommo-
dé en pointe fort affilée pour y attacher

l'amorce (qui fera de noix grillée ou de
pain) & l'autre bout ayant une entaille
comme il eſt dit des fouricieres : ces trois
pieces ſe montent l'une dans l'autre , &
font arreſtées legerement par ces languettes & entailles ; ſçavoir , ledit montant
tout droit , la piece deſcendante dudit quatre de chiffre eſtant au deſſus dudit montant & entre la thuile de haut arreſtée par
ſon entaille , & le bout de bas en languette
arreſtée dans l'entaille de la troiſiéme piece qui eſt arreſtée par la moitié audit montant par ſon entaille en triangle , portant
ſon bout en pointe où eſt l'amorce dans le
creux deſdites thuiles , & ſon autre bout
arrêtant par ſon entaille ladite piece deſcendante dudit quatre de chiffre.

Sur ces thuiles , il y doit avoir une pierre bien peſante , & toute cette machine
ainſi montée eſtant touchée en ſon amorce (par une de ces beſtioles ou autre) tom-
be ſubtilement en bas , & ainſi elles font
priſes & écrazées par leſdites thuiles &
poids mis au deſſus.

On peut multiplier cette machine tant
qu'on veut , elle n'eſt pas de grande dé-
penſe ny de fort travail , comme l'on voit.

Du

Du temps auquel se mangent les Fruits qui ensuivent.

EN Juin & Juillet, le Muscadille.

En Juillet & Aoust, la Figue, la Cuisse-madame, le Rolland & le fin Or à la longue queuë.

En Aoust & Septembre, le Moüille-bouche, l'Oignon musqué, l'Orange doré, le bon-Chrestien & le Roy d'Esté.

En Septembre & Octobre, le Rousselet gros & petit, le petit Moüille-bouche ; le Beuré rouge ou Isambart.

En Octobre & Novembre, la Berga-motte d'Automne, le Messire-jean de deux sortes, sçavoir le gris & le doré, le gros Moüille-bouche d'Automne, l'Orange de Tours.

En Novembre & Decembre, le Bezi-d'heri, la grosse queuë d'Hiver, le Martin sec, la Virgouleuse.

En Decembre & Janvier, le bon-Chrétien doré sans pepins.

En Janvier & Février, l'Amadote, la Dame houdette, le Fresmont ou le S. François, le Cailleau-rozat d'Hiver.

En Février & Mars jusques aux nouvel-

les, les bon. Chreftiens d'Hyver, le faint
Lezin en Février, le Portail en Mars, la
Bergamotte d'Hyver, ou de Beugis en
Avril, le gros & petit trouvé en mefme
temps, & les Pommes d'Apis jufques en
Juillet & par delà.

Tous les fruits qui font bons cruds, font
auffi bons cuits, abfolument & neceffairement.

Des bons Melons & de leurs élevations.

AVant que d'entamer cette matiere,
j'ay jugé à propos de vous dire qu'entre les legumes qu'on appelle ordinairement des fruits de terre, le Melon eft un
des plus excellens & peut eftre le meilleur de tous fans contestation ; & à la verité, il eft fi agreable à la veuë, à l'odo-
rat & au gouft, que rien plus ; ce qui fait
qu'on excede ordinairement en le man-
geant fi l'on n'eft bien fur fes gardes, c'eft
pourquoy il a fallu que la Medecine en ait
fait connoître & les qualitez & les mau-
vaifes fuites, quand on en mange trop, ou
en certain temps.

Il y a eu des gens qui ont crû que le

Melon eſtoit le fruit deffendu qu'Adam avoit mangé au Paradis terreſtre, & il y a encore à preſent une eſpece de Melon qu'on nomme Pomme d'Adam.

Et ſi nous ajoûtons foy aux Voyageurs, ils diſent qu'il y a en certains Royaumes des Arbres qui portent des Melons, comme les Pommiers portent des Pommes en France.

Mais laiſſant à part la conſideration de toutes ces choſes, je veux vous donner icy la maniere d'élever leſdits bons Melons, & premierement pour les ſemer, il faut faire une couche ou forme de quatre pieds de largeur & de trois de haut & plus, & d'un pied de terrein compoſé moitié de fien de vaches & l'autre de cheval.

Pour avoir des premiers Melons, vous les ſemerez en pleine Lune de Janvier ou de Février.

Aux lieux montagneux, ils doivent eſtre ſemez plus tard.

Le premier pied de voſtre conche ou forme, doit eſtre du plus grand fumier qu'on peut avoir, l'autre pied d'aprés doit eſtre de fumier à demy-pourry, & le dernier de crottins de cheval & de petit fumier, plus un pied de terreau & de bonne terre mêlée enſemble avec des aiſnes dont je parleray cy-aprés : ce grand fumier premier declaré empefche les taupes de percer vos couches, & ainfi d'éventer vos Melons.

A propos des taupes, j'ay fait faire des pots de terre qui les prennent gentiment, ils ont en tout de hauteur un pied & demy, doivent eftre un peu plus étroits par le haut que par le milieu, où ils doivent eftre gros de la tefte d'un homme & plus, fur les bords de leurs gueules, il y doit avoir trois boutons de terre mis en pied d'audier de la hauteur de trois pouces, & vous mettez lefdits pots en terre tout contre la muraille, c'eft-là ordinairement où les taupes ont leurs voyes, & vous les enfoncez fi avant, que lefdites voyes de taupes font à fleur des bords defdits pots, laiffant toûjours lefdites voyes ouvertes à cofté; cela fait, vous mettez une thuile entiere ou deux fur lefdits boutons, puis de la terre, du fumier long, ou des herbes par deffus, afin qu'il n'y ait point d'air, & les taupes venant à paffer, elles tombent dans lefdits pots d'où elles ne peuvent jamais fortir, parce que lefdits pots font faits en forme de voûte à caufe de leur gros ventre, ce qui fait que lefdites taupes n'ont point de reprife pour remonter, & ainfi retombent toûjours en bas & enfin periffent dans lefdits pots.

J'en ay fait l'experience & m'en suis
bien trouvé, tant pour prendre lesdites
taupes, que les souris des Jardins qu'on
appelle ordinairement muzettes, qui s'y
precipitent en telle quantité, que j'en ay
tiré d'un seul pot jusqu'à huit ou dix à la
fois, & qui s'y estoient prises en peu de
temps.

Pour prendre ces dernieres bestioles, il
ne faut pas que lesdits pots soient couverts, c'est assez de mettre une ardoise entre la muraille & lesdits pots, pour empescher qu'elles n'y passent.

Vous pouvez faire faire lesdits pots,
ceux dont j'ay parlé cy-devant pour élever les arbustes, & tous autres qu'il vous
plaira, par des Potiers de terre, en les al-
lant trouver en leur poterie, ils les feront
en vostre presence de telle figure, forme,
& façon que vous voudrez, soit ronds
ovales, quarrez, berlons, triangulaires ou
autrement.

La Graine de Melon doit tremper dans
du vin & du sucre un jour & une nuit : on
met dans chaque trou trois graines & une
cloche de verre par dessus, & quand ils
sont bien levez, on arrache le moindre.

Et afin que les grands vents ne cassent
point les cloches, il faut les arrester avec
des morceaux de cerceaux un peu redres-

fez , & mis en pied d'audier dans les couches , ferrans & portans par haut fur lefdites cloches.

Quand vos Melons ont quatre feüilles
(fans y comprendre les oreilles ou amandes) vous arrêtez le montant , leur laiffant feulement deux feüilles d'ou pouffent
deux bras ; & quand ils ont pouffé jufques
à fix feüilles , foit que vous les laiffiez fur
la mefme couche , ou qu'ils foient replantez fur une autre , comme il fe dira cy-
aprés , vous oftez lefdites amandes , les
deux premieres feüilles d'aprés , & mefme
les deux fuivantes , afin de connoître l'endroit des pieds des Melons quand il faudra les arroufer , ce retranchement de feüilles fert mefme à faire profiter le fruit.

Pour replanter & cultiver les Melons jufques à leur fin.

IL faut que la couche foit de deux pieds
de large , & de deux de haut , de fien
chaud de Cheval & de moitié de Vache,
que le terrein foit meflé d'aifne & marc
de preffoir à vin , d'un peu de fable gras,
ou de la meilleure terre amandée & repofée de voftre Jardin, le tout de la hauteur

d'un bon pied , & faire comme en la premiere couche ou forme cy-devant dite.

Ces aifnes font les Melons auffi excellens que l'on les pût jamais manger , foit pour le gouft, couleur & odeur : & on ne fçauroit trop foigneufement obferver de pratiquer cette derniere maniere de terrein cy-deffus dite, fi l'on veut avoir des raviffans Melons.

Quand vous faites plufieurs couches, on en met pour l'ordinaire quatre de fuite, vous les mettez à diftance d'un pied l'une de l'autre, un pied de fentier entre-deux (pour les pouvoir rechauffer) fuffit.

On replante les Melons en pleine Lune, avec leur motte la plus groffe que faire fe peut, une feule potée dans le milieu de la couche, tout le long fur une mefme ligne á diftance de deux pieds l'une de l'autre.

Il faut les replanter lors qu'ils ont feulement trois feuïlles (les amandes y eftant comprifes) ils n'en font pas fi fujets à brûler & en viennent mieux.

Dans la Touraine , dans l'Anjou , dans le Maine, dans le Poitou, dans la Provence , & dans les autres climats chauds, on ne fait point ordinairement de couches pour replanter les Melons, à moins que de vouloir les avoir extrémement de bonne

heure, on se contente de les replanter en
pleine terre dans un trou avec du terreau,
comme l'on fait les choux en Picardie,
& de les arester & arrouser quand il est
temps.

S'ils s'estoient avisez en ces pays chauds,
de mêler parmy leur terreau de ces aisnes
devant declarées, ils auroient des Melons
incomparables.

Les Melons estans replantez, on les cou-
vre les trois ou quatre premiers jours de
quelque herbe posée sur la cloche, afin que
le Soleil ne leur nuise point : on les laisse
aussi sous les cloches & les paillassons durant la nuit, jusques à ce qu'ils soient
bien forts.

Quand vous les voyez bien repris, qu'ils
ont poussé quatre ou cinq feüilles, vous
arrestez leur montant, ôtez leurs amandes,
& les ravallez à la premiere ou deuxiéme
feüille, d'où poussent des bras ; lesquels
quand ils ont cinq ou six feüilles, on ra-
valle à une ou deux s'ils n'ont du fruit,
pour leur en faire pousser, & lors que le
fruit paroît, vous arrêterez la tramasse un
demi-pouce au dessus dudit fruit, & ôterez la squille qui pousse contre ledit fruit,
ensemble jetterez bas les fausses fleurs, les
petits jets, mesmes les bras où il ne paroît point de fruit, les fourchettes, bref
tous

tout ce que vous jugez leur pouvoir ôter
la nourriture.

Cét arrestement de trainasse, est le seul
secret pour avoir des Melons, & n'est besoin d'attendre qu'ils soient en fleur ; il se
faut contenter de laisser cinq ou six Melons sur chaque potée (qui sont deux pieds)
& on peut les laisser sous les cloches un peu
élevées sur fourchettes, jusques à ce qu'ils
soient bien forts, & qu'ils ne puissent plus
tenir sous lesdites cloches ; alors vous les
façonnez au grand air, c'est à dire que
vous ôterez entierement lesdites cloches de
dessus.

Et pour empescher que les grands vents
ne bouleversent vos pieds de Melons,
vous attacherez les bras & jets, avec des
crochets de bois fichez dans les couches,
& ainsi ils seront tenus fermes dans lesdites couches & en profiteront mieux.

Quand vos Melons sont en fleur, c'est
alors qu'il faut les rechauffer par le moyen
du fumier chaud que vous mettez dans les
sentiers de vos couches ; ce rechauffement
est le secret pour les faire noüer & les empescher de couler.

Vous connoissez que le Melon est noüé,
quand la fleur se sechant vous le voyez
grossir à veuë d'œil, qu'il est beau & vert,
& que le vent est bien à la seve ; il faut

mettre quelque feüille de poirée, de choux, ou de laictuë fur les jeunes Melons, parce qu'autrement le Soleil les peut brûler & les fait couler.

Les Melons font leur grand profit, c'eft à dire qu'ils noüent ordinairement dans le decours, & mieux encore à la nouvelle Lune, cela va vifte pour l'ordinaire.

Il faut arroufer les Melons quand il fait fort fec, tous les trois jours, fur les fept à huit heures du matin, d'eau échauffée au Soleil, jufques à ce que les nuits foient chaudes, & alors vous les arrouferez feulement fur les quatre à cinq heures du foir, vous les arrouferez ainfi tant qu'ils feront en leur groffeur, aprés quoy il ne les faut plus arroufer du tout, une buirée ordinaire d'eau fuffit à deux potées.

Quand vous les arrouferez, il faut verfer l'eau un peu loin du pied pour ne le pas moüiller, par ce moyen vous arrouferez toute la couche ; quand le pied eft moüillé, il s'y engendre ordinairement le chancre ou la poütriture ; quand cela arrive, il faut decerner & ôter ledit chancre, le bien laver avec de l'eau nette, comme auffi ladite poütriture, & les bien fecher & mettre deffus de la bouze de vache toute nouvelle.

Dans les années chaudes, il faut (pour

faire arrêter les Melons) couvrir vos couches de paillassons, depuis dix heures du matin jusques à deux heures aprés midy, cela se doit faire aussi si vous voulez au temps de la fleur.

Quand les Melons commencent à se façonner, vous les tournez si bon vous semble, par les bouts vers le Midy, & les découvrez des feüilles, le côté de la queuë premierement, le Melon estant quasi sur son cube, & pour l'achever de meurir vous le tournez de l'autre bout deux ou trois jours seulement avant sa parfaite maturité.

Cela s'entend quand les années ne sont point trop chaudes, & mesmes pour avancer de meurir les reguains.

Un Melon pour estre bon ne veut estre hâté de meurir, ny par la cloche, ny par aucun verre, ny mesme mettre dessous aucun grand thuillot ou ardoise, cela leur fait perdre la seve, mais vous pourrez y mettre un petit thuillot, & c'est quand les Melons sont déja bien gros pour les empescher de pourrir, ou de tirer le mauvais goust de la couche, la reflexion de quoy que ce soit ne leur estant bonne.

Le Melon pour estre excellent, doit estre ferme à la main, pesant, l'écorce mince, sentir le goust de gaudron (qui est

une poix dont on frotte les cordages des
basleaux) sec & vermeil au dedans , bien
meur & bien succré.

Ils se rafraichissent dans l'eau fraiche
comme le vin, & quand ils sont bons, ils
descendent au fond de l'eau.

Le grand secret pour les avoir excellens,
c'est de les garder des grandes pluyes qui
peuvent arriver particulierement au temps
de leur maturité ; & pour ce faire , il faut
les couvrir de paillassons élevant sur fourchettes & perches en toit , en apenty , du
costé de la pluye , en la pratique deuxiéme
suivante, la maniere de faire ledit toit y
sera enseignée.

Autre observation pour les Melons.

QUand vous ne pouvez commodement faire des couches , vous les replanterez en pleine terre bien labourée
deux ou trois fois devant & aprés l'Hiver,
nettoyée d'herbes , fort amandée de long-
temps & mêlée de sable , dans un trou
remply de crottins de cheval , de fiente de
pigeons , de poules & de mouton , chauds
& recents , ou de cheval tout seul , n'im-

porte, & d'aifnes auffi recentes, le tout de la quantité d'un minot à bled & plus, & ce au temps de la my-May, & ils fe gouverneront pour le furplus, comme il eft dit cy-devant; il ne faut pas que lefdites aifnes ayent efté à la pluye, il faut les mettre à couvert auffi-toft que vous les prendrez au preffoir; ces aifnes donnent un merveilleux gouft de vin à vos Melons, & les rendent extrémement excellens.

Il faut fe fouvenir que cette forte de couche derniere dite, eft fort fujette aux taupes qui vous perdent vos Melons en éventant leurs racines; c'eft pourquoy il faut faire barriere & paliffade tout autour avec des billots de bois fort durs, preffez & ferrez, & qu'ils foient bien avant dans la terre, afin de les empefcher d'y entrer.

Les pots à prendre les taupes cy-devant declarez, vous pourront garantir de ces defordres, fi vous en ufez comme il a efté dit.

Pratique excellentiffime d'élever les Melons.

QUand on les veut avoir de bonne heure, vous les pouvez femer dans des petites marcottes de terre cuite, de quatre à cinq poulces de diametre & d'autant de haut, troüées d'un seul trou par le fond: il faut prendre garde qu'elles soient plus larges par le haut que par le bas, à la façon d'un creuzet d'Orphévre, qu'elles n'ayent point gros ventre, & qu'en les versant sur la main elles se vuident entierement. On peut faire faire lesdites marcottes plus grandes & mesmes de sept à huit poulces de largeur, hautes seulement de quatre, ce sont proprement des petites terrines & dans chacune (emplie de terreau) vous y piquez deux ou trois grains de Melons qui ayent esté trempez dans demy verre de vin l'espace de vingt-quatre heures, puis mis germer sur vostre couche encore chaude, & ce dans un linge couvert d'un peu de terrein & d'une cloche si vous voulez, & trois jours aprés vous trouverez vostre graine germée, vous prendrez les plus forts germez, & les planterez, comme il est dit, dans vos marcottes qu'enfoncerez dans vostre couche, puis les couvrirez de cloches, & les gouvernerez au surplus comme il est dit cy-devant.

C'est le moyen d'en avoir des premiers, la couche des premiers doit estre de quatre pieds & plus de largeur, & de trois de haut pour conserver long-temps sa chaleur, & attendre le beau temps & propre pour les pouvoir replanter, il se faut bien donner de garde de la rechauffer de crainte de brûler les Melons.

Ils se doivent replanter sur la mesme couche, rechauffée pourtant lors qu'ils sont déja bien forts, ou sur une nouvelle faite aussi de mesme largeur, les mettant tous sur une mesme ligne au milieu, ou sur deux, à un pied du bord, ou en pied d'audier en distance de deux pieds en deux pieds, les couvrant toutes les nuits & par le mauvais temps, jusques à ce que les gelées soient passées.

Vous mettrez pour cét effet les cloches dessus, & les paillassons d'un côté & d'autre, qui seront appuyées en forme de toit sur une perche soûtenuë en l'air de trois ou quatre pieux ayans fourches, dans lesquelles regnera vostre perche, prenant le soin de boucher le soir les bouts avec de la longue paille, & ce jusques à ce que les froidures soient entierement passées, & mesmes vous laisserez les cloches dessus, tant que les Melons soient désja assez gros, lesdites cloches soûtenuës sur leurs fourchettes, il faut prendre garde toutesfois qu'ils ne s'échaudent.

Cette maniere fait avoir des premiers Melons ; ils doivent, pour cét effet, estre semées de fort bonne heure, mesme dés le mois de Février ou au commencement de Mars, toûjours plantez & replantez en pleine Lune.

Sur cette mesme couche à un bout à part, vous semerez des Laictuës ou du pourpier que vous couvrirez de cloches seulement sans autre sujetion, & par ce moyen vous en aurez des premiers.

Si vous voulez faire tremper vostre graine de Laituës dans de l'eau de vie, & que vous mêliez un peu de fien de pigeons & de la chaux éteinte & morte reduite en poussiere parmy vostre terreau, vous aurez des laituës en deux fois vingt-quatre heures de temps, grandes & propres à manger, mais elles ne dureront que huit jours sur vostre couche, c'est pourquoy il faudra les manger durant ce temps-là.

On peut avoir par la maniere declarée au penultiéme article precedent, des concombres de tres-bonne heure.

On peut semer aussi sur ladite couche cy-dessus mentionnée ou autres en rayons, des Choux fleurs & autres, des Girofliers ordinaires & des printaniers, des Oeillets-d'Inde, & des Rozes, des Oeillets de graine, des belles Vederes, des Amarantes rares, des Tricolors, des merveilles du Perou, le Volubilis, la Capucine, l'Aubi-

foin muſqué , autrement dite la fleur du
Grand-Seigneur , ou d'Ambrette , des Mi-
gnotiſes , du Baſilic , & autres gentilleſſes
& Fleurs.

Toutes ces fleurs ſe doivent ſemer un
jour celuy de la pleine Lune , pour en
avoir des doubles , ſuppoſé qu'elles ſoient
de nature à cela ; on peut couvrir toutes
ces graines ſemées avec des cloches pour
les avancer.

Des Amarantes & de leur terre.

LEs Amarantes rares particulierement,
veulent eſtre ſemées & élevées ſur
couche de bonne chaleur , avec les cloches
de verre , au commencement du mois d'A-
vril , le cinq ou ſixiéme jour de la nouvelle
Lune s'il ſe peut : mais aprés qu'elles ſeront deux pouces de haut & qu'elles auront quatre ou cinq feüilles , il faut les
faire au grand air , en élevant leſdites cloches comme il eſt dit cy-devant ſur fourchettes , & lors que les nuits ſeront chaudes , vous ôterez entierement les cloches
de deſſus leſdites Amarantes , & les remet-
trez ſur les fourchettes au matin , & tout
cela durant l'eſpace d'un mois ou ſix ſe-
maines & plus ſi vous voulez , & quand

lesdites Amarantes seront bien fortes, &
que le doux temps sera venu, qui sera environ la fin de May ou le commencement de Juin, vous les planterez où vous
voudrez avec leur motte, & par un temps
de pluye s'il se peut ; c'est une fleur extrémement delicate à élever aux pays
froids.

Voila la maniere comme il faut gouverner les belles Amarantes, quand on veut
les avoir en fleur de bonne heure, c'est à
dire dés le mois de Juillet.

Mais lors qu'on les desire plus tard, on
les seme en pleine terre bien amandée &
composée d'un tiers de sable, mise dans
des pots au commencement de May, &
en ce cas elles ne portent qu'au mois
d'Aoust.

Au lieu de pure terre, l'on peut mettre
des crottins de Cheval tous chauds, dans
de grands pots, les bien presser, & mettre deux pouces de haut de bon terrein
par dessus, où il y aura du sable mélé avec,
& semer les Amarantes dedans, & y mettre quelques verres dessus pour les faire a-
vancer.

On estime, & il est vray qu'elles viennent mieux dans des pots qu'en pleine
terre.

Il faut fort arrouser les Amarantes.

Il eſt bon de les avoir toſt, afin que leur graine ait tout le temps de bien meurir, & meſme il faut la laiſſer dans la ſerre durant l'Hyver ſur ſa fleur & dans ſa paille, quelque ſeche qu'elle paroiſſe eſtre, juſques à ce que les gelées fortes ſoient paſſées, alors vous l'égrainerez ſi bon vous ſemble.

Les tres belles Amarantes ſont bordées de jaune, & il en vient parmy elles qui donnent autant de diverſes figures à leurs petits bouquets, qu'il y en a ſur leur pied qui eſt tout de fleur & en tres grande quantité juſques à la groſſeur d'un pied ou environ de largeur, & de hauteur d'un pied & demy & plus.

Cette fleur dure deux à trois mois & plus, & eſt une eſpece d'immortelle, il y en a de pluſieurs couleurs; ſçavoir, de violettes, de pourpres, de cramoiſi, d'oranges, de rouges, de jaunes, &c.

C'eſt une fleur merveilleuſe, & des plus belles qu'on puiſſe voir, & qui eſt maintenant fort en eſtime parmi ceux qui la connoiſſent bien.

Des Oeillets de marcottes en pots & en pleine terre, de leur plantement, arrousement, & composition de leur terre.

AU Printemps, au commencement d'Avril, il faut les replanter en terre nouvelle, composée de deux tiers de vieux terrein de vaches fort consommé de moitié de sable gras & noir, s'il se peut, & d'autant de terre commune du Jardin pour l'autre tiers : il faut seulement mettre un demy-pouce de terre par dessus les racines des marcottes en les plantant, les arrouser & les mettre à l'ombre durant cinq ou six jours, s'ils sont dans des pots, sinon les couvrir de quelque chose quand ils sont en pleine terre.

Vous pouvez faire un fond de huit pouces de profondeur en pleine terre, de la qualité que dessus, & y planter vos marcottes en tel endroit de vostre Jardin qu'il vous plaira, si mieux vous n'aimez vous contenter de faire des fosses rondes de six pouces de profondeur & de huit de large, ou des quarrées de la longueur d'une thuil-

le , qu'entourerez de thuilles mises de
champ autour desdites fosses quarrées que
vous paverez aussi avec des thuilles ; vous
emplirez toutes lesdites fosses de cette terre composée , & y planterez vos Oeillets
dedans , où ils feront tout aussi bien que
dans les pots , & peut estre encore mieux.

Il y en a qui veulent que les pots à Oeillets , soient peu profonds comme de cinq
à six pouces seulement , sur sept à huit de
largeur par le haut desdits pots , & disent
que de cette sorte , les Oeillets ayans peu
de creux pour pousser leurs racines en bas,
donnent toute leur nourriture à la tige , &
consequemment font leurs fleurs plus grosses & plus larges ; on le peut éprouver.

Mais au lieu de ce , on peut mettre des
Oeillets dans un mesme pot , quoy qu'il
soit grand & creux , & ainsi ils n'auront
point tant de nourriture qu'estans seuls.

Ou bien on peut dans lesdits grands
pots , y faire un second fond avec une
thuille arondie & taillée avec la serpe , ladite thuille mise ensuite dans lesdits pots,
& par ce moyen vous ferez vos pots aussi
peu creux que vous voudrez.

Cela fait , vous emplirez lesdits pots de
ladite terre composée , jusques au haut &
bord d'iceux.

Pour avoir commodement de cette terre,

il faut en emplir une fosse en quelque lieu du Jardin & l'y laisser passer l'Hyver, au Printemps vous en emplirez vos pots, fonds, ou fosses rondes ou quarrées devant dites, & y planterez vos marcottes comme dessus, & à l'Automne vous la vuiderez dans cette fosse, aprés que vous en aurez prise de la reposée pour replanter vos marcottes, & en userez ainsi tous les ans au Printemps & à l'Automne.

Il y en a qui plantent les marcottes dans la terre de vieille saulx, pour les trois quarts, & l'autre quart de sable gras : cette terre est fort bonne, comme aussi le terreau tout pur de Cheval, pourri à l'air, & hiverné de cinq à six ans, & pareillement des excremens de latrine exposés & hivernés aussi durant le mesme espace de temps.

Pour les arrousemens, il y en a un general qui se doit faire avec prudence, comme une fois ou deux la semaine toûjours d'eau nette, échauffée du Soleil.

Il y a un arrousement particulier qui se fait au temps que les Oeillets commencent à s'ouvrir, & pour cela vous émietez de la fiente de Vaches ou des crottins de Chevaux, éteins, parez, & sechez de deux ou trois mois, & ayant auparavant donné un leger labour à la terre de vos

Oeillets , vous laissez hâler ce labour par
un jour , le soir suivant vous mettez de
ces crottins émiettez dessus ce labour de
l'epaisseur d'un pouce , & pardessus vous
arrousez tous les jours , & n'obmettez
d'ardillonner les Oeillets lors que les se-
conds boutons sont déja bien gros , c'est à
dire que vous jetterez bas quantité de boutons qui viennent à côté des gros, & qui
mangent leur nourriture.

Vous jetterez aussi bas en ce mesme
temps , & retrancherez de vos pieds d'Oeillets moitié de leurs Oeilletons , comme
par exemple s'il y a pour faire quatre ou
six marcottes, vous en jetterez deux ou
trois en bas que vous couperez proprement
& tout prés de leurs tiges.

Ce retranchement d'Oeilletons , donnera infailliblement de la nourriture à vos
fleurs , & partant elles deviendront plus
grosses assurement.

De ces Oeilletons ainsi retranchez, vous
en pourrez faire boutons , comme il sera
dit cy-aprés à l'égard des Girofliers , des
Kiris & des Jacintes.

Ceux qui rafinent aux Oeillets , n'en
laissent que trois ou quatre sur chaque pied
pour les avoir extraordinairement gros,
& rejettent tous les Oeillets qui sont sujets à crever.

Ces crottins ſuſdeclarez, tiennent la terre de vos Oeillets meuble & legere, & l'eau ſuſdite, & celle dont il ſera parlé incontinant, paſſent par là comme par une éponge, ce qui raffraichit extremement les Oeillets, les fait groſſir & élargir prodigieuſement.

Durant les ſechereſſes de Juillet & d'Aouſt, qui eſt juſtement le temps que les Oeillets ſont en fleur, vous faites détremper une ou deux fois de la bouze de Vaches recente & fraiche en eau claire, & eſtant rapurée d'un jour ou deux, le marc eſtant deſcendu au fond, vous arrouſerez vos Oeillets de ladite eau claire pour les rafraichir & revigorer, cela leur fait faire merveilles.

Ils ne conſiſtent pas ſeulement en la beauté, netteté, & varieté de leurs couleurs & ouvrages, comme aucuns eſtiment; mais en la groſſeur qui doit eſtre au moins de trois pouces de diametre, qui font neuf pouces de tour, & ils viennent quelquefois ſi gros, qu'on eſt obligé de les aider à s'ouvrir, ce qui ſe fait dextrement avec le canivet, pour empeſcher qu'ils ne crevent.

Si nonobſtant cette petite operation ils vouloient encore crever, ce qui peut arriver quelquefois, en ce cas vous ferez avec

un

un fil de laine, un cordon autour de la
gouſſe de voſtre Oeillet, ou bien vous
vous ſervirez d'un colier fait d'une ſéve
verte que vous couperez par le milieu de
ſa groſſeur, de la largeur d'un teſton d'é-
paiſſeur, & vous mettrez ce colier ſur ladite gouſſe de voſtredit Oeillet.

Pour aider les Oeillets à devenir encore plus larges, on doit leur coupper avec
des cizeaux bien proprement les pointes
de leurs gouſſes, qui les ſerrent ordinairement beaucoup au collet, & par ce
moyen les premieres feüilles de bas ayant
lieu de s'étendre à leur aiſe, donnent place aux ſuivantes de ſe bien étaller.

Pour favoriſer cét étallement de leurs
feüilles, vous pouvez leur faire une roton-
de de carte troüée au milieu de la groſſeur
juſtement pour paſſer voſtre gouſſe d'Oeillet; ladite carte au ſurplus fenduë de ſon
bord juſques audit trou, & ſur cette roton-
de les feüilles de voſtre Oeillet auront lieu
de ſe bien étendre, & feront tenuës fermes
& bien droites.

Il y a des lieux où les Fleuriſtes laiſſent
toûjours leurs Oeillets dans les meſmes
pots, ſans les renouveller de terre ny labourer ladite terre, & pretendent par là
que leurſdits Oeillets ayant emplis de leurs
racines tous leſdits pots, leurs tiges, &

fleurs en tirent plus de nouriture, & conſe
quemiment en deviennent plus larges; cela eſt facile à pratiquer à ceux qui le voudront experimenter.

Ces fleuriſtes marcottent leurſdits Oeilleurs en l'air, pour ne point labourer la terre comme dit eſt.

Au lieu des crottins cy-deſſus declarez, vous pouvez y mettre des ſcieures de bois, comme auſſi en toutes les quaiſſes & pots des Arbuſtes, des Anemones, des ranonculs, & autres fleurs, c'eſt la grande mode d'apreſent.

Il eſt bon de mettre les Oeillets quand ils ſont en fleur à l'ombre d'une muraille oppoſée au Midy, cela les conſerve plus long-temps, & les aide meſme à devenir plus gros.

Il faut garantir leurs fleurs des grandes pluyes qui les feroient trop tôſt paſſer; c'eſt pourquoy en ce cas, il faut les mettre à couvert pour empeſcher meſmes qu'ils ne crevent : pour raiſon de ce, on leur peut faire un abry qui les preſervera de ces deſordres.

Durant l'Hyver, on peut laiſſer à l'air du temps les marcottes qu'on a levées à l'Automne & qui ſont en pots, ou les mettre dans la ſerre, & eſtans dans ladite ſerre, on doit les arrouſer deux ou trois fois durant l'Hyver, & ne les mettre à l'air qu'au beau temps au mois de Mars à l'ombre; & s'il fait trop de pluyes, il faut les mettre à couvert, & s'il ne pleut point durant ledit mois, il faut les arrouser avec discretion, comme aussi ceux qui seront en pleine terre aux Jardins.

Les Oeillets qu'on met à couvert durant l'Hyver, sont sujets à estre mangez des rats & des souris, c'est à quoy il faut remedier, quand les Oeillets demeurent en plein air, ils ne sont point sujets à ces inconveniens, & ils se conservent tout aussi bien qu'à couvert & encore mieux; les gelées ny les neiges ne les font point mourir; ce qu'il y a de plus à craindre sont les taupes.

Le Soleil le plus favorable pour les Oeillets, est celuy qui les éclaire depuis les cinq à six heures du matin jusques à dix & onze heures avant midy: les autres expositions y sont encore bonnes, ils viennient bien par tout, quand on les sauve des perse-oreilles qui sont leurs exterminateurs; c'est pourquoy il faut leur faire une guerre mortelle, les prenant tous les matins avec des coques de limaçons, ou avec des ongles de pieds de porcs, de moutons ou d'autres animaux, ou avec des cornes; & ces coques, ongles, ou cor-

nes se mettent au bout des rozeaux ou baguettes ausquelles sont attachez lesdits
Oeillets.

Si vous voulez avoir des Oeillets rares
& extraordinaires, il en faut semer tous
les ans, & l'année d'aprés ils porteront
tous, & vous choisissez les meilleurs &
rejettez les moindres.

Parmi les grands Rodeurs qu'on appelle ordinairement, qui sont ceux qui s'ap-
pliquent particulierement à cultiver les
Oeillets, dés aussi-tost qu'un Oeillet a
esté veu plus de deux ans de suite en un
mesme Jardin, ils n'en font plus de cas, il
en faut avoir d'autres & des nouveaux.

Pour avoir de la graine à vos Oeillets,
il faut qu'ils soient en pleine terre, les ma-
nier le moins qu'on peut & leur couper
les pointes de leurs gousses, comme il a
esté déja dit, & les garantir des perse-
oreilles.

Des pots à larges bords, comme d'un
pouce & demy, creusez dans les milieux
desdits bords, ces creux profons d'un pouce emplis d'eau empeschent les perse-oreilles d'aller aux Oeillets, ce dit-on, il est
facile de l'éprouver.

Cela peut bien empescher ces insectes
qui viennent de dehors, mais pour celles
qui peuvent s'engendrer de la terre mes-

me de vos pots, pour les prendre affûre-
ment, il faut fe fervir des remedes declarez cy-deffus.

Des Tulippes panachées & autres.

Es Tulippes fe déplantent en dé-
cours, & fe replantent le cinq ou
fixieme jour de la nouvelle Lune, en terre
bien labourée, amandée, & repofée : on
peut les lever jufques au quinziéme d'Aouft
(ce temps paffé elles commencent à faire
leurs racines) & on les replante affez tard
environ le mois d'Octobre par un beau
jour.

Elles fe doivent neceffairement lever de
terre tous les ans durant le mois de Juillet jufques audit quinziéme d'Aouft, autrement vous les perdriez en peu d'années, parce qu'eftant enfoncées en terre
elles peuvent pourrir, ou elles détruifent
leur maiftre oignon, en faifant des cayeux.

Les petits cayeux fe doivent replanter
auffi-toft levés, foit qu'ils foient deta-
chez ou attachez à leur maiftre oignon,
d'où il faut les fevrer.

A moins d'eftre replantez ainfi, ils pe-

rissent pour les trois quarts & plus, quand
vous remettez à les replanter avec les Tulippes.

Les cayeux qui pesent un écu d'or, peuvent porter l'année suivante.

Pour conserver les Tulippes, jusques à
ce qu'on les replante, il faut mettre chaque Tulippe dans du papier, & en un sa-
chet de toille suspendu en l'air, en lieu sec
& à l'ombre, les mettre toutes ensemble.

Si vos sachets n'estoient ainsi suspen-
dus, les souris pourroient manger vos
Tulippes, c'est à quoy il faut prendre
garde.

La terre rouge & sableuse, qui se trouve dans les fortes terres, est tres excellente pour les replanter dedans, comme aussi
les Ranonculs & les Anemones.

Ceux qui voudront prendre la peine de
semer des Tulippes pour en avoir de graine (d'on l'on estime que viennent les plus
rares) sçauront qu'il faut pour cet effet
choisir toutes les plus belles & rares Tulippes de leur Jardin, ou de ceux de leurs
amis, & laisser bien meurir la gousse où
est enfermée la graine, ne permettant à
personne de toucher leurs tiges, lors qu'elles sont en fleur ou autrement.

C'est pourquoy en ce temps de la fleur,
on se sert de deux petites baguettes pour

les ouvrir, & faire voir aux curieux leurs fonds, ouvrages, couleurs, & panaches, tant dedans que dehors, & on ne doit jamais porter la main pour bien faire.

Quand voſtre graine ſera parfaitement meure, vous la nettoyerez & garderez les graines qui ſont bien nourries & bien pleines, le reſte s'envolera au vent en ſouſflant deſſus.

Ce laiſſement de gouſſes aux Tulippes ſert à conſerver leurs oignons juſques à parfaite maturité; & il eſt bon de le pratiquer ainſi aux Tulippes de conſequence, pour ne point hazarder de les perdre par la pourriture.

Pour donc ſemer les Tulippes, vous labourerez pluſieurs fois, & preparerez bien quelque endroit en bel air & en plein Soleil de voſtre Jardin, nettoyé de toutes choſes pour n'y laiſſer venir que de voſtre graine ſeule, & au temps qu'on ſeme les Fromens, qui eſt environ la S. Remi chef d'Octobre, vous la ſemerez aſſez druë ſur la ſurface de la terre preparée, & poudrerez tant ſoit peu de terre pardeſſus, comme de l'épaiſſeur d'un quart d'écu.

Au Printemps ſuivant, vous la verrez paroître, comme du jeune plan d'oignóns communs, vous aurez ſoin de les tenir nets des méchantes herbes, & l'année ſuivante

(qui est la seconde qu'elles sont semées)
au mois de Juillet par un beau jour, vous
les leverez & les trouverez grosses comme
des boutons, vous amasserez bien le tout,
elles poussent ordinairement en fond bien
avant, où sont leurs plus gros oignons.

Cela fait, ayant preparé quelque autre
planche mise en bon labour (ou plusieurs)
& de bonne terre, selon la quantité de
graine que vous voulez élever, vous les
replanterez aussi-tost levez & à distance de
deux doigts de profondeur d'un pouce, &
les couvrirez de ladite terre.

Deux ans aprés, vous les déplanterez à
la saison cy-devant dite, vous souvenant
de ce qui a esté dit, qu'elles poussent en
fond leurs plus gros oignons, qui sont ordinairement couverts d'une grosse pelicule
noire & dure, qu'il leur faut ôter, jusques
à ce que la pointe par où elles doivent
pousser leur fleur soit découverte ; il en
faut user de mesme à l'égard des vieilles
Tulippes qui auront manqué de porter,
& qui au lieu de ce auront poussé en fond.

Aux autres Tulippes qui sont bien net-
tes, il n'y a rien à ôter.

Pour revenir à nos jeunes oignons de
Tulippes de graine, vous les replanterez
ensuite à trois ou quatre doigts de distance, & l'année suivante, elles porteront

pour

pour la meilleure partie, si elles sont net-
toyées des méchantes herbes , & mises
dans de la bonne terre, comme il a esté
dit.

A mesure qu'elles paroîtront, vous ôterez les fleurs & les oignons des rouges &
des jaunes qui en pourront naître , & vous
vous souviendrez de garder seulement les
bonnes couleurs , & particulierement les
beaux gris-de-lin , les couleurs de chair,
de roses , de fleurs de Pavis , de Peschers,
& sur tout les couleurs bigearres & extraordinaires.

Toutes sortes de Tulippes panachent
avec le temps , les unes plûtost, les autres
plus tard ; celles qui ont la feüille de la
fleur mince & delicate , bien plûtost que
celles qui les ont épaisses & fortes , & qui
font dures en cuir comme l'on dit.

Il faut garder celles qui ont les fonds
petits blancs bordez de bleu , les fonds
bleus bordez de blanc, qui ont l'étamine
bleuë , noire ou verte ; cette étamine est
aux trois ou quatre paillettes qui viennent
au fond de la Tulippe.

Il faut faire grand cas des couleurs bigearres & extraordinaires , comme aussi
des belles formes & des grandes fleurs , ces
bigearres font les plus rares Tulippes.

Ceux qui vont chercher les choses juf-

ques dans le fond de la nature , comme
font les Philofophes , eftiment que le pa-
nachement des Tulippes, eft une maladie
defdites Tulippes ; cecy eft dit en faveur
des curieux & des fçavans.

Si vous ne pouvez avoir la patience de
laiffer panacher les Tulippes d'elles mefmes en leur temps (par ce qu'il n'y en a
point qui ne puiffent panacher) vous pourrez vous fervir de l'artifice fuivant.

Vous aurez de vieux plaftras que mettrez en poudre , les mêlerez avec du gros
fable ou gravier de riviere, & des curu-
res de latrine , autant d'une matiere que
d'autre , & incorporerez le tout parmy la
furface de voftre terre , pour y replanter
vos Tulippes.

Si mieux vous n'aimez vous contenter
de mettre de cette compofition dans les
trous feulement où vous les plantez, dont
j'enfeigne la methode cy-aprés.

Il y en a, qui au lieu de cela, y mettent
de la chaux morte,éteinte & mife en poudre , & de la fiente de pigeons également
mêlées & écachées enfemble , & en ufent
au pardeffus comme il eft dit.

D'autres y mettent auffi du fumier de
poules , ou des couleurs , & cherchent
ainfi à contenter leur curiofité.

Je ne puis m'expliquer plus particulie-

rement sur cette matiere, parce que je
suis obligé en quelque façon au secret;
c'est pourquoy, comme l'on dit, qui peut
prendre, prenne.

Quand vous aurez de bonnes Tulippes
bien remarquées, & qu'en certaines années elles ne feront pas si bien qu'en d'autres ; il ne faut pas les méprifer & negli-
ger pour cela , elles reviendront en leur
premiere beauté en un autre temps : c'est
pourquoy il faut les conferver & se donner de la patience , parce que beaucoup
de fortes de Tulippes font sujettes à ces
changemens.

Des Oreilles d'Ours.

LEs Oreilles d'Ours , Anemones , &
Priméveres, *alias primula-veris,* se sement au Printemps dans des pots & de la
bonne terre amandée & repofée, en pleine
Lune.

Les rares Oreilles d'Ours , comme font
les doubles , les panachées & les belles
couleurs extraordinaires, & celles qui font
de gros bouquets, se doivent mettre dans
des pots faits comme il est dit cy-devant
au titre des Arbuftes , pour en avoir du

plaisir, les mettant au Soleil depuis le Mars, jusqu'à ce qu'elles ayent porté, les arrousant souvent, & durant les mois de Juin, Juillet, & Aoust, vous les mettrez à l'ombre, & au mois de Septembre, vous les exposerez derechef au Soleil & elles pourront encore profiter à l'Automne, & l'Hyver vous les mettrez dans la serre, & les pourrez amander par les grands trous desdits pots d'année à autre.

De la Tubereuse.

VOus pouvez dans de ces mesmes pots élever la Tubereuse, & l'avancer en mettant par lesdits grands trous, des crottins de chevaux, recents, de quinze jours en quinze jours.

Pour donc élever ladite Tubereuse, il faut environ la my-Mars, le cinq ou sixiéme jour de la nouvelle Lune, la mettre dans un desdits pots, remply de bonne terre reposée & amandée, & avant que de la planter, il faut coupper les extremitez des racines, ayant mis au fond dudit pot des crottins jusques à la moitié d'iceluy, & renouveller lesdits crottins en vuidant les vieux de quinze jours à autres, comme des-

fus, cela s'entend quand vous ne faites
point de couches à Melons, ou à salades
pour les élever.

En ce cas aprés trois renouvellemens
de crottins, vos Tubereuses ayant poussé
comme trois ou quatre doigts de hauteur,
vous ôtez les crottins de vos pots , &
mettez en leur place de la bonne terre
amandée.

Vous n'ôterez point si vous voulez les
crottins de vos pots la derniere fois , mais
les y laisserez , & se consommans , ils feront que la terre de dessus eux, descendra
& laissera lesdits pots pleins environ de
moitié , & par ce moyen vos Tubereuses
n'ayant pas beaucoup de terre (& consequemment peu de nourriture) elles en porteront plûtost , parce que leurs racines ne
trouvant pas à se bien étendre & pousser,
cela fera que leur tige montera en fleur.

Elles feront la mesme chose , si vous les
mettez dans de grandes marcottes pleines de terre , ou dans de moyens pots
emplis seulement à moitié de terre amandée & reposée , comme dit est, sans autre
façon ; si bonne vous semble.

Mais quand vous faites des couches,
c'est encore mieux , & lors il n'est point
necessaire de crottins du tout (la bonne
terre suffit) & la couche estant mediocre-

ment chaude, vous mettez vos pots dedans & les y laissez jusques à la fin de
May & plus, que vos Tubereuses auront
poussé assez fort. Ce temps passé, vous
ôterez vos pots de ladite couche si bon
vous semble, parce que le beau temps
estant venu il n'en est plus besoin : vous
arrouserez vos Tubereuses deux ou trois
fois la semaine, & lors que le mois d'O-
ctobre est venu, & qu'il n'y a plus d'apa-
rence que les oignons doivent monter en
fleurs, vous couchez vos pots sur le côté,
afin qu'ils s'égoutent de toute leur humi-
dité avant que les gelées viennent.

Et quand les gelées sont venuës, vous
ôtez les oignons hors des pots, ou vous
les y laissez, mais il faut les mettre dans la
serre où il ne gele point, parce que sur
tout, il faut avoir un grand soin que le
froid ne les aborde ; c'est leur cruel enne-
my, qui en les gelant les feroit pourrir.

Si vous tirez les oignons de terre, il faut
les mettre dans quelque boëte au coin du
feu, dans de la paille d'avoine, ou bien
les mettre dans la paillasse de vostre lit.

Il y en a qui les attachent au plancher
de la cuisine, comme l'on fait des aulx, &
ils les conservent ainsi.

Des Ranonculs & Anemones doubles, de leurs noms, & de ceux des Oeillets & des Tulippes, &c.

AUx pays froids , & où les Hyvers font longs & rudes, comme en Picardie & en Flandre , ils fe replantent; fçavoir les Anemones en Novembre par un beau jour , le cinq ou fixiéme jour de la nouvelle Lune , dans des pots pour les pouvoir conferver des gelées d'Hyver, lefquels pots vous mettrez dans voftre cellier ou ferre.

Cette forte de ferre doit eftre dans le Jardin, expofée au Soleil de Midy , la porte & feneftre bien bouchées durant l'Hyver , il faut qu'on y defcende fept à huit marches s'il fe peut , afin qu'il n'y gele point.

Pour les Ranonculs , vous ne les planterez qu'en Decembre dans lefdits pots.

Parmi ces pots , il y en aura de grands & de petits ; dans les grands , vous y pourrez laiffer vos fleurs ; mais dans les petits, vous les depoterez aprés l'Hyver , & les mettrez en pleine terre bien proprement, sans rompre leur gazon, & ainsi leurs fleurs en viendront bien plus belles, estant mieux nourries en pleine terre qu'elles ne seroient dans les pots.

Il y en a qui plantent les Anemones & Ranonculs dés environ la S. Jean Baptiste, qu'ils auront gardées de l'année precedente, & par ce moyen ils ont des fleurs en Automne, pourveu qu'ils les mettent en bonne terre neuve & un peu amandée, & qu'ils les arrousent souvent durant les secheresses.

D'autres les plantent plus-tard vers la S. Remy d'Octobre, pour les avancer de pousser, & les conservent dans la serre durant l'Hyver, mais il faut qu'il n'y gele point du tout: les Ranonculs que vous plantez en ce temps-là, doivent estre de la mesme année, & non de la precedente pour bien faire.

Au Mars, il faut les arrouser quelquefois, en Avril fort souvent; ce que vous continuerez tant qu'ils soient en pleine fleur: & quand lesdites fleurs seront bien épanoüies, vous les mettrez à l'ombre & les garderez de la pluye, afin qu'elles durent plus long-temps, parce que c'est la pluye qui les gaste & les referme.

Cét arrousement frequent du mois d'A-

vril se doit pratiquer particulierement à
l'égard des Ranonculs , pour leur faire
pousser des fleurs , & les entretenir durant
qu'elles existent.

Cette plante aime le chaud & l'humide,
à la façon des bassinets des prez , notamment au temps de la production de sa fleur
& pendant son existence.

Et pour en faire voir la convenance,
c'est que Ranoncul en Latin signifie bas-
sinet en François.

Les Anemones & Ranonculs se doivent aussi lever de terre , tous les ans,
aussi-tost que le fanage est sec , prenant le
soin de nettoyer la pourriture qui se trouve aux Anemones , & la coupant jusques
au vif de leurs bulbes , autrement vous les
perdriez en peu de temps.

Tous les pasturons des Ranonculs , se
doivent conserver,s'il se peut,sans en rompre aucuns.

Vous les replanterez l'œil au dessus ,
comme aussi les Anemones , les couvrant
seulement d'un doigt de terre ou environ.

Parmi la terre , pour les Anemones &
les Ranonculs , il y en a qui mettent de la
glaize ou forte terre , qui a passé un Hyver à l'air du temps , & disent s'en bien
trouver , & qu'elles y profitent merveil-
leusement, cela est vray.

Il ne faut mettre au plus que deux ou trois pieds de Ranonculs & Anemones dans chaque grand pot.

Les bulbes d'Anemones se gardent deux ou trois ans sans les replanter, les tenant en lieu sec, & les Ranonculs se peuvent garder d'une année à l'autre.

Si vous plantez des Anemones & des Ranonculs dans des pots en Mars, vous en aurez des fleurs vers la saint Jean-Baptiste ensuivant, pourveu qu'ils soient gouvernez comme il est dit cy-devant.

Par ce mesme moyen vous en pouvez avoir encore des fleurs en tous les mois du Printemps, de l'Esté, & d'une partie de l'Automne, particulierement des Anemones; il n'y a qu'à en planter en tous les mois dudit Printemps; pour le reste de l'année, il en est parlé cy-devant.

Le terrain de Vaches mêlé d'aisnes & marc de pressoir à vin, consommé & reposé de deux ou trois ans, mis avec de la terre commune aussi reposée de deux ou trois ans de vostre Jardin, fait faire des merveilles aux Tulippes, tant pour leurs ouvrages que pour leur grosseur & hauteur.

Ce qui fait voir que le principal artifice pour les faire panacher, est de leur donner une terre nouvelle, reposée & amandée de la qualité que dit est.

Si vous mettiez trop de fumier à vos Tulippes & qu'il ne fust pas bien consommé, cela les feroit perir par la pourriture pour la meilleure partie.

Ce repos de la terre devant declarée, donne à ladite terre un nouveau sel, & une vertu pleine de force & vigueur; l'experience fait voir cela en toutes les plantes qu'on met dans un nouveau fond, & où la terre n'est point encore effritée & usée.

Les Anemones & Ranonculs, veulent estre aussi un peu amandées & avoir pareille terre reposée; comme encore toutes sortes de fleurs sans distinction, pour venir bien grosses & plantureuses.

Parmi les Anemones, il y en a de plusieurs especes de doubles, sçavoir de lierrées de diverses couleurs, d'autres doubles de couleur de feu, des rouges à grosse pluche, d'Amarantes regattes, l'Orlatte de Rome, des gris-de-lin, des panachées & bordées, des violettes & de couleur de fleurs de Pêchers, de blanches-salles, & d'autres de diverses couleurs.

M. Morin, dans son Livre, en fait un Catalogue particulier, & les nomme toutes, comme aussi les Ranonculs.

Il se trouve des Anemones si doubles,

qu'on s'eſt aviſé de les appeller dès Argi-
mones par (ſincope) au lieu des Archia-
nemones, comme voulant dire plus qu'A-
nemones , à cauſe de leur extraordinaire
duplicité & grandeur.

Parmi les Ranonculs , il y a le nacarat
ou le couleur de feu , le monſtre cramoiſi,
la pivoine ou peonne , la ſalamine , le bo-
ſuel de Rome , le monſtre de Conſtanti-
nople panaché de jaune ſur rouge , & autres doubles & ſimples.

Les Oeillets , dont la culture eſt cy-devant declarée, doivent avoir leurs noms
pour les diſtinguer en leurs couleurs & ouvrages ; & pour y reüſſir , il faut que les
premieres lettres de ces noms , vous mar-
quent les premieres lettres de ceux de leurs
couleurs.

Par exemple , un blanc panaché de rouge, l'on doit l'appeller le bon Roy ou le Ba-
ron Royal , ou le Benedictin reformé, ou
la belle Rachel , ou le bon Riche , ou le
beau Ruſtique , ou le bon Receveur , ou
le brave Roland , ou le bien rayé , le B. de
ces noms ſignifiera le blanc , & l'R. deno-
tera le rouge.

Autres Exemples.

Pour un blanc panaché de couleur de

chair, ce sera le bon Chapellain, ou la belle Charlotte, ou la bonne Chalonnoi-se, ou le beau chappeau, ou le bien chari-table, ou le bon Chanoine, par la mesme regle devant dite.

Pour un blanc, panaché de violet, ce se-ra la bonne voye, ou la brune villageoi-se, ou le bon vieillard, ou le beau visage, ou le bon Vice-Roy, ou le bien venu, ou le bien vif, par la mesme adresse.

Pour le gris-de-lin & pourpre, ce sera le grand Prieur, ou le grand Pape, ou le grand Prestre, ou le grand Provincial, ou le grand Pompée, ou le gros Paul, ou le grand President, ou le grand Partisan, ou le Greffier Presidial, ou le gros Pierre, ou le grand Philippes, ou le grand Pous-sin, ou le grave Philosophe, par la raison cy-dessus.

Choisissez de ces noms, ou en inven-tez d'autres si vous pouvez, & quand vous aurez plusieurs Oeillets d'une mesme cou-leur, qui seront pourtant differens en leurs ouvrages & en leurs formes, vous leur donnerez de ces divers noms devant & cy-aprés declarez, ou d'autres que forge-rez ainsi qu'il vous plaira, avec addition de quelque epithete si bon vous semble, j'en donneray la preuve cy-dessous.

Pour un blanc & incarnat, ce sera la

belle Julie ou Julienne, ou la bonne In-
dienne, ou le blanc Jacobin, ou la brave
Judith, ou le bon Jardinier, ou la belle
ou bonne Infante, ou le Bacha Ibrahim,
ou le bon Joseph.

Pour un blanc panaché de pourpre, ce
sera la belle Paule, ou le bon Prince, ou
le beau Poupon, ou le bon Patriarche, ou
le brave Prophete, ou le beau Prieur, ou
le bon Pasteur, ou le bon Parroissien.

Pour le gros blanc, ce sera le grand Ber-
nard, ou le gros Benedictin, ou le grand
Bailly.

Pour un rouge & gris-de-lin, ce sera le
Rodomond gaillard, ou le General Rose,
ou le grand Religieux, ou le gros rubis.

Pour un gris de lin & violet, ce sera le
General Vvitemberg, ou le grand Vicai-
re, ou le grand Varlet, ou le grand Vail-
lant, ou le gentil Vicomte, ou le gay Vva-
lon, ou le grand Visir.

Pour un rouge & couleur de chair, ce
sera le ravissant Conseiller, ou le Chanoine regulier, ou le ruzé Commissaire, ou
le cœur Royal, ou le chaste Roy, ou le
rodeur changeant, ou le Capucin reformé.

Et ainsi des autres couleurs, cette memoire locale vous fera facilement connoître la couleur de vos Oeillets; ce que ne
font pas tous les beaux noms que vous

pourriez autrement leur donner.

Une ardoize à chaque pied d'Oeillets, portant un de ces noms susdeclarez, ou autres, par la mesme addresse, vous fera connoître sa couleur en tout temps.

Si mieux vous n'aimez imiter les grands Fleuristes, qui font peindre leurs fleurs avec remarque de leurs noms, & les ayans dans leurs cabinets ou chambres, ils en joüissent ainsi toute l'année.

Pour revenir à nos Oeillets, vous pouvez garder les noms qu'on a déja donné à aucuns, & y ajoûtant quelques qualitez par la susdite addresse, elles vous en feront connoître aussi les couleurs, comme par exemple en la Duchesse d'Avero, qui est un blanc panaché de violet, donnez luy la qualité de bonne veufve, vous marquerez sa couleur comme dit est ; de mesme pour la sainte Agnés qui est un autre blanc & violet, ajoûtez-y, brave Vierge, & vous sçaurez sa couleur.

Pour le Commandeur qui est un blanc panaché de rouge, ajoûtez bien reglé, & à la Junon, qui est aussi un autre blanc & rouge, ajoûtez ces mots, belle rêveuse; vous sçaurez ainsi leurs couleurs, & conserverez leurs noms, & de mesme des autres ; il n'y a rien de si facile comme vous voyez: & partant je conclus à la preuve dont j'ay parlé cy-devant, avec dépens, contre ceux qui voudroient appuyer ces propositions.

Pour les Tulippes, elles ont aussi leurs noms, chacune selon la fantaisie de ceux qui les voyent ou qui les possedent, aucuns leur donnent des noms de Saints, ou de pays, &c.

D'autres les nomment comme les folles Divinitez de l'antiquité, sçavoir de Venus, de Pallas, de Jupiter, de Pluton, &c.

D'autres encore les traittent de Ducs, de Duchesses, & de noms d'hommes & femmes particuliers, &c.

Mais à mon avis, il n'y en a pas qui les puissent mieux nommer que les Sçavans, ils ont de l'avantage pour cela, & j'ay vû d'honnestes gens de cette trempe qui les connoissoient toutes en herbes & en grande quantité ; *Nominatim*, ils avoient pour cela un registre, & ils s'estoient avisez de les nommer sur le pied des couleurs qui se rencontroient en elles, & les premieres lettres des syllabes de ces noms, signifioient lesdites couleurs.

Par exemple, si c'estoit un gris-de-lin, panaché de blanc & de quelque autre couleur, ils l'appelloient l'Agate de Gelboé, le G. de Gel marquant le gris-de-lin, & le B. de Boé, marquant le blanc.

Et

Et quand une rouge estoit panachée de Chamois, ils la nommoient la Charieuse, le Cha, signifiant le Chamois, & l'R de Rieuse, signifiant le rouge.

C'est le mesme pour l'Agate Gobelet, qui est un autre gris-de-lin panaché de blanc.

Pour une rouge panachée de blanc, c'étoit ou l'Agate Robin, ou de Rubens.

Pour une violette panachée de blanc, ils la nommoient l'Agate Urbine.

Pour une incarnatte & blanche, ils l'appelloient l'Agate d'Ibrahim.

Pour une rouge panachée de jaune, c'étoit l'Agate de Joram.

Pour une incarnate rouge & blanche, c'estoit l'Agate de Jeroboam.

Pour une pourpre panachée de blanc, c'estoit l'Agate de Publius.

Pour la Tulippe qu'on appelle ordinairement l'Argus, c'estoit l'Agate veritable, à cause qu'il s'y trouve du violet, du rouge, du tanné, & du blanc.

Pour une couleur sanguine & rouge, c'étoit l'Agate de Sirie.

Pour une sanguine, rouge & jaune, c'étoit l'Agate de Sire-jean.

Et ainsi des autres, & par ce moyen, ces Messieurs avec une memoire attificielle & locale, donnoient des noms specieux à leurs Tulippes & carriere à leurs esprits, parmi ceux qui ignoroient leurs addresses.

La merveille de cette memoire locale, est de vous faire une espece de peinture de vos fleurs à bon marché, & de vous les rendre toûjours presentes, au lieu que de leur nature, elles durent fort peu de temps comme l'on sçait, & n'ont qu'une saison limitée.

Ce nom d'Agate se donne à beaucoup de Tulippes, à cause que l'Agate pierre precieuse a dedans elle plusieurs belles couleurs qui se rencontrent ausdites Tulippes, les Lapidaires sçavent bien que je dis vray.

Les tres-belles Tulippes ont pour l'ordinaire trois couleurs differentes, cause pourquoy, ce sont proprement des Agates.

J'ay trouvé à propos de vous communiquer la maniere comme je replante les Tulippes : je me sers à cét effet (la terre estant bien preparée au prealable, labourée & amandée de long-temps) d'un instrument de bois fait sur le tour, il doit avoir en longueur neuf pouces, trois & demy pour la paulme, le manche & la gorge, un pouce & demi pour l'arrest, & le reste pour entrer dans la terre ; il faut se souvenir qu'il soit toûjours un peu en di-

minuant depuis ledit arreft jufqu'au bout
de bas, qui doit eftre de la groffeur d'un
& demi de diamettre ou environ.

Quand il eft temps de replanter, j'en-
fonce cét inftrument jufques à l'arreft dans
la terre, ce qui y fait des trous que je tire
à ligne droite, & à diftance de cinq à fix
pouces, & dans ces trous je mets du fable.
rouge, dont il eft parlé cy-devant (au titre des Tulippes panachées) ou de la bonne terre repofée & amandée de long-
temps ; enfuite je place les Tulippes dans
lefdits trous remplis, & la main acheve le
refte pour mettre le tout uniment.

Il faut planter les Tulippes de telle forte, qu'il y ait feulement un pouce de terre
pardeffus elles.

Cette obfervation de peu de terre, eft
un moyen de faire pululer extrémement les
Tulippes, fi l'on veut en avoir des cayeux.

Surquoy il eft à remarquer que les belles ne font point ordinairement tant de
cayeux que les autres, & ont communement leurs oignons plus petits & delicats.

La Tulippe a efté apportée de Dalma-
tie en l'an mil cinq cens foixante, par Gef-
nerius ; & on l'appelloit en ce pays-là le
Turban du grand Turc.

La Taupe eft l'ennemi juré des Jardins
à fleurs ; on doit fe fauver de fes infultes

& ravages à quelque prix que ce soit, c'est
pourquoy (aux endroits où vous voudrez
mettre vos fleurs de consequence, comme
les belles Tulippes & autres fleurs rares)
il faut leur faire barriere, ou avec des thuilles entieres simples ou doubles, en longueur, serrées & jointes l'une contre l'autre, ou avec des moitiez de douves de
tonneaux, ou des moitiez entieres des mê-
mes tonneaux sciez par le milieu ; ces choses seront mises en terre jusques à fleur &
rés de chaussée d'icelle.

Il ne faut point de pavé sous les Tulippes, cela les pourroit faire pourrir, ou
du moins elles viendroient petites & frê-
les, comme il arrive à celles qui sont mises en trop grande quantité dans des pots.

Quand la Taupe entre parmy vos fleurs,
outre qu'elle bouleverse tout, c'est qu'elle
est accompagnée ordinairement de muzettes & souris des Jardins qui suivent leurs
trous & traces, & s'en servent pour aller
manger les oignons de vos Tulippes.

Il faut se deffendre de tous ces desordres
par cette précaution cy-dessus declarée,
qui est la pratique des tres grands Fleuristes.

Maniere d'accommoder les autres Fleurs, & comment il en faut dresser les parterres, contenant une espece de Catalogue de presque toute sorte de fleurs connuës en nostre Europe.

DAutant que je suis redevable à tous, il faut icy donner quelques instructions à ceux qui negligent de cultiver les parterres à fleurs de leurs Jardins, n'y en mettant aucunes sous pretexte qu'ils disent ne les sçavoir pas accommoder : ils apprendront donc pour y parvenir, qu'il faut premierement bien labourer la terre & l'amander une bonne fois de fumier de vaches tres-consommé, & à l'Automne vers la S. Remy, dresser leurs planches de trois pieds de largeur, les border de buis, ou de statices, ou de petits glajeux, ou de jaucianelle, ou de fortes herbes, ou de thuilles de montagne, ou de thuillots, ou d'os de pieds de moutons, ou de planches peintes en verd, ou de ce qu'il leur plaira.

Ensuite, proche lesdites bordures & à di-

stance au moins de quatre bons doigts &
plus d'icelles y planter des bouquets d'o-
reilles d'ours , éloignez l'un de l'autre de
demy pied & plus , entre lesquels ils plan-
teront des Iris de Perse , des Jonquilles
doubles & simples , des Crocus , des Per-
se-neiges , des Bizantines , des Jacintes
blanches , bleuës , & de couleur de chair,
autrement dits Muguets , des Raisins
blancs , bleus , des musquez à faire des
parfums , & des Marguerites de diverses
couleurs , & ce par égale portion : dans le
reste & les milieux d'aucunes desdites
planches , il faut y planter des Tulippes,
comme il est dit cy-devant , en d'autres
toutes Oreilles d'Ours , en d'autres toutes
Epatiques doubles , en d'autres tous Ci-
clamennes , autrement dits pains de pour-
ceaux , en d'autres tous Fretilaits , *alias
meleagris* , en d'autres tous pieds d'Alloüettes , tant doubles que panachez , en
d'autres toutes Marguerites , en d'autres
toutes Amarantes , en d'autres toutes Anemones , en d'autres tous Ranonculs (sup-
posé que le climat y soit propre) en d'autres planches y mettre tous Oeillets d'Inde , en d'autres des Roses d'Inde , & ainsi
des autres fleurs.

Comme des Oeillets d'Espagne & de
Poëtes , autrement dits culs de Paris , des

immortelles jaunes, blanches, & rouges, des Narcisses d'Alger & d'Angleterre, des Gobaux, des Ancolies, des Penfées jaunes de la grande efpece, des Mirquauquailles doubles, blanches & rouges, des fleurs de Joseph doubles, auffi blanches & rouges, des pavots doubles de diverfes couleurs, des Cocliquots doubles, des Vetoniques, des Digitalles, des Couteaux de Maloris, des Amourettes ou Nigelle-Romaine, des Baffinets blancs & jaunes doubles, des Clochettes blanches & bleuës, des Soucis doubles, citrons & orangers, des Bluëts doubles, des Oculus Crifti, la fleur de la Paffion, l'Amarante émaillée de Conftantinople, autrement la fleur du grand Maître, ou la Scabieufe, de la blanche-Alogue, de la Camomille double, &c.

Toutes ces Fleurs fe doivent toûjours mettre en monceau & en tas, fans les feparer qui çà & là, par ce que les Fleurs en paroiffent mieux, eftant ainfi en quantité.

En aucunes planches (de voftre Jardin) oppofées par fymmetrie, vous mettrez dans chacune affez prés de leurs angles & coins, un bouquet & pied de ftatices ou herbe terreftre, qui s'arondit comme une pomme coupée par la moitié; & ces bou-

quets feront comme des fonds de plan-
chers à l'arabefque ; ce qui eft extrémement beau & agreable en tout temps, parce que c'eft un *femper vivum*, qui donne
mefme des Fleurs au Printemps & à l'Automne.

Le bon ordre pour faire de beaux Jardins à Fleurs, eft d'y éviter la confufion,
comme auffi d'y garder une grande fym-
métrie, c'eft à dire à accommoder & ran-
ger fi bien les Fleurs, qu'il y en ait toûjours des oppofées & en pareille quantité,
& nombre de planches qui répondent l'u-
ne à l'autre ; mais fur tout la netteté &
propreté des Jardins, n'y laiffant croître
aucunes méchantes herbes, dans les voyes,
ny dans les planches, fait leur grande, uni-
que & parfaite beauté : il faut fabler lefdites voyes pour un plus grand ornement.

Il y a des Fleurs qui ne veulent jamais
eftre déplantées de terre ou tres-rarement,
quand on en veut communiquer, comme
font les Imperiales, les Colofics de Chio qui
eft une efpece de *filius ante patrem*, les Ion-
quilles doubles & fimples, les Epatiques,
les Martagons orangers, les blancs, les
gris-de-lin appellées à l'Epinette, les E-
merocals autrement des Martagons Pom-
ponins, qui font auffi orangers, & portent jufques à vingt Fleurs & plus fur une
mefme

mefme tige. Il y a une autre efpece d'E-
merocal qui eft naine & qui porte fes
Fleurs gris-de-lin jufques à trente & plus,
auffi fur une mefme tige ; la Fraxinelle
& la Jaucianelle ne veulent eftre auffi déplantées : c'eft pourquoy il faut planter
toutes ces fortes de Fleurs aux lieux où l'on
veut qu'elles demeurent & n'y jamais toucher.

D'autres Fleurs, au contraire, veulent
eftre replantées & dedaucées fouvent ; ce
font les Oreilles d'Ours, les Primevers,
les Brayettes doubles, les Violettes de Ca-
refme doubles, & les Marguerites, qu'il
faut toûjours renouveller en Mars & en
Septembre.

Il n'y a point tant de difficulté & de façon à cultiver & planter les Fleurs, comme l'on s'imagine ; ce que j'en ay dit cy-
devant, & que je diray incontinent vous
le fera voir & vous le rendra facile.

Pour continuer donc ce que j'ay com-
mencé, vous fçaurez que les Fleurs avec
racines & feüilles, doivent eftre plantées
avec feulement un doigt de largeur de bonne terre au deffus defdites racines, il faut
toûjours arroufer aprés avoir planté.

Cette quantité de terre d'un doigt pardeffus les racines, Oignons, Bulbes, & Pi-
turons, fuffit pour toutes autres fortes de
Fleurs.   L

Pour celles de graines, c'est assez de les
semer sur la surface de la terre, en Automne, comme les pieds d'Alloüettes, les
Perpetuelles mesmes, & d'y mettre par
dessus du terrein de l'épaisseur d'un teston
seulement.

On en use de mesme de celles qu'on seme au Printemps, soit sur terre, soit sur
couches.

Toutes les Fleurs, Arbres, & Arbustes,
qui ne quittent point leurs feüilles durant
l'Hyver, ny en autre saison, s'appellent
en terme general *semper vivum* : il faut
toûjours les planter en pleine seve, c'est à
dire, vers la fin d'Avril ou en May, comme sont entre les Arbustes, le Cyprés, le
Savinier, les Lauriers, le Philaria, le Buis
& autres.

Et entre les plantes, la Jaucianelle, l'O-
reille d'Ours, la Joubarde, &c.

Pour dresser les parterres à Fleurs, il y
y en a qui les font tout de planches bri-
sées, d'autres y font des figures, il n'y a
point de regle pour cela, chacun en use à
sa liberté & selon son affection : mais on
doit se souvenir qu'il faut garder les cen-
tres, les milieux & les environs desdits
milieux desdits parterres, pour y mettre
les meilleures Fleurs.

Les Lys blancs, & les Lys orangers, se

mettent toûjours aux bords exterieurs des
planches des parterres, si mieux on n'aime
les mettre à part contre les murailles à re-
motis.

Comme aussi toutes sortes de Glajeux,
Passe-rozes, Soleils, & Toupinamboux,
Peonnes, le *Lilium convallium*, qui est le
Muguet blanc des bois, le Safran qui est
le Crocus d'Automne, le Violier de carnage double jaune, la Jacinte tardive qui
donne un grand panache bleu, la Belle de
nuit, les Lapins, l'Elebore blanc & le
jaune, le *Palma Christi*, les Iris de Floren-
ce & d'Angleterre, la Pernenche double
violette, les poix d'Espagne, les Féves
d'Inde qui sont de couleur nacarate, les
Pommes d'amour ou de Sodome, qui sont
de couleur de Corail rouge fort éclatant,
grosses comme un œuf de pigeon, mais
tres-puantes; le Volubilis, la Capucine,
le Galeache qui est le Nappellus portant
Casque, la Verge d'Aaron, les Fleurs de
Cire, &c.

Les Girofliers musquez blancs & rouges doubles, veulent une terre douce, sableuse, & humide, ou estre fort arrousés,
comme aussi tous les autres Girofliers doubles ordinaires, & les Jacintes doubles
orangées, appellées Croix de Jerusalem.

Aux Girofliers simples & doubles, &

aux Kyris, quand les premieres Fleurs de
leurs bouquets font paffées pour la meilleure partie, il faut couper les tiges defdits bouquets, & par ce moyen ils rejettent d'autres Fleurs ; & ainfi vous en avez
toute l'année, lors que vous coupez aprés
chaque portée lefdites tiges des Fleurs
paffées comme dit eft.

Ceux qui ne fçavent pas marcotter les
Oeillets, apprendront auffi pour le faire,
que ce doit eftre en nouvelle Lune environ le mois d'Aouft, quand les Fleurs
font quafi toutes paffées, & lors ils choi-
firont les Oeilletons qu'ils voudront marcotter, & aprés avoir coupé les bouts des
feüilles defdits Oeilletons, & auffi coupé
celles de bas des mefmes Oeilletons tout
prés de leur tige, ils feront une incifion
fur ladite tige, par deffous icelle, & du côté de la terre, commençant ladite incifion proche du deuxiéme nœud d'icelle tige, à prendre vers le bout de haut où font
les feüilles & jets, d'où doivent fortir
les Fleurs de l'année fuivante, & tirant ladite incifion jufqu'au milieu du premier
nœud, & fera cette incifion de la moitié
de l'épaiffeur de ladite tige & de la longueur d'un pouce ; & eftant ainfi fichée
dextrement, fera portée en terre & arrê-
tée avec un petit crochet de bois de balay,

& fur icelle incifion mis du bon terrain de
la hauteur de demy doigt feulement , &
arroufée tous les jours plûtoft deux fois
qu'une , durant le temps de quinze jours
ou de trois femaines : & environ la my-
Octobre , toutes vos marcottes auront racines, & feront mifes où vous voudrez, en
les fevrant des pieds des Oeillets qu'aurez
marcottez , & les coupant au deffous defdites incifions.

Quand les Oeilletons ont trop longue
tige, & qu'elle eft trop dure pour pouvoir
eftre pliée fans hazard de rompre , il faut
l'amolir & écacher doucement avec les
doigts, la pliant entre-deux noeuds , une,
deux , ou trois fois, s'il eft befoin, & ainfi
vous la conduirez où vous voudrez , foit
dans des pots , foit en pleine terre.

Vous accommoderez tous vos Oeilletons de la façon qu'il vient d'eftre dit pour
les marcotter , & ainfi vous en aurez à fuf-
fire pour vous & pour vos amis.

Si vous defirez avoir des Oeillets à
l'Automne , il ne faut pas couper entierement les tiges des Oeillets qu'aurez eu en
la faifon , mais décharger feulement lefdites tiges des gouffes & queuës defdits
Oeillets paffés , & ces tiges de leurs
noeuds poufferont de nouveaux jets , qui
vous donneront encore des Oeillets à

l'Automne & jufques à l'Hyver.

On acommode de bouture des branches de Kiris, de Girofliers doubles & de
Jacintes doubles orangées, & ces boutures eftant faites de la longueur de quatre
à cinq pouces, font fenduës en croix par
le bout de bas, & mifes pour moitié en
terre à l'ombre d'une muraille, & arrou-
fées tres-fouvent, & avec le temps elles
prendront racines pour la meilleure partie,
lefdites Jacintes refiftent en plein air contre l'Hyver, mais le Kiris & les Girofliers
veulent eftre confervez en la ferre durant
la mefme faifon d'Hyver.

Ceux qui élevent des Girofliers fur couches, ont remarqué que les doubles font
en leurs commencemens bien plus delicats & mal-venans que les fimples, de-
meurans long-temps à croître, & difent
en philofophant, que la nature auffi bien
que l'art, met plus de temps à perfection-
ner les belles chofes que les communes.

Vous pouvez vous prevaloir de cette obfervation devant dite, fi bon vous femble,
quand vous aurez femé vous-mefmes des
Girofliers, ou que vous en tirerez de chez
autruy.

Ce n'eft pas le Soleil de Mars qui fait
meurir les Girofliers, comme aucuns difent, mais c'eft qu'ils ont efté gelez d'Hy-

ver, & au mois de Mars qu'ils devroient
pousser, comme ils n'ont plus de vie, le
Soleil donnant dessus, fait voir leur état
de mort, parce qu'il vivifie ou mortifie les
sujets qu'il y trouve disposez.

Si le hasle de Mars est trop grand &
qu'il ne pleuve pas, il faudra arrouser vos
Girofliers s'ils sont en vie, cela les fera
pousser, sinon ils pourriront s'ils sont
morts.

Des Rosiers.

IL faut dire un petit mot pour les Rosiers, dont il y a plusieurs especes, sçavoir d'Hollande, de Batavie, de Roses
blanches, de rouge passe, de couleur de
chair, de rouges appellées de Provins, de
jaunes doubles, de Roses musquats, de
panachées, de simples de couleur de Ve-
lours rouge, le dessous des feüilles de couleur de jaune salle, & des Roses de
tous les mois, qui est une espece de mus-
quat rouge, portant ses fleurs par bouquets.

Ces Rosiers de tous les mois veulent
estre exposez en bel air, en plein Soleil, dans une terre douce, sableuse, pour
porter tous les mois ; & quand ses pre-

mieres Fleurs font paſſées, on les taille au nœud au deſſous où eſtoient leſdites Fleurs, & ainſi faiſant aprés chaque portée de Fleurs, vous en aurez huit mois durant, ſçavoir depuis les premieres, juſques environ la Noſtre-Dame de Decembre.

Si ces Roſiers ne ſont en terre propre, expoſez & taillez comme dit eſt, ils ne portent qu'une fois, non plus que les autres.

Vous pouvez leur faire un fond articiel avec du ſable, comme il eſt dit cy-devant, au titre des Groſeillers, quand vous ne l'aurez pas naturellement de la qualité que deſſus.

Les Roſiers muſquats blancs, veulent eſtre taillez tous les ans à l'Automne ou au Printemps à un demy pied prés de terre ; il faut les couvrir de long fumier durant l'Hyver, de crainte qu'ils ne gelent, & audit Printemps vous leur donnez un leger labour, lors que vous leur ôtez ledit fumier.

Et quand leurs Fleurs commencent à paroître, s'il y a des jets qui n'en ayent point, il faut les tailler à un pied & demy de bas, & à chaque œil il y pouſſera un jet qui donnera auſſi beaucoup de Fleurs vers l'Automne.

Les roſiers jaunes doubles, veulent eſtre

garantis des grandes pluyes , autrement
les Fleurs pourriſſent & n'épanoüiſſent
pas bien, c'eſt pourquoy il faut leur faire
un abry , quand les années ſont trop plu-
vieuſes.

Pour les faire porter tous les ans , il faut
aprés que les Fleurs ſeront paſſées, les tailler aſſez court ; & s'ils pouſſent beaucoup
de bois à l'Automne, vous les taillerez encore en Février ou en Mars enſuivant.

Pour les Roſiers panachez , qui ſont
des eſpeces de Nains (comme les Batta-
vis) on peut les mettre dans des pots ſi
l'on veut , où ils font bien de meſme qu'en
pleine terre.

On peut greffer un écuſſon de ces Roſiers & d'autres ſur des Roſiers communs,
& ces écuſſons ne manquent jamais de
porter l'année ſuivante , s'ils ſont dor-
mans , les pouſſans portent à l'Automne
de leur meſme année , ce dit-on.

Ce qui eſt bien plus avantageux que de
les avoir de plan , où ils ſont deux ou trois
ans ſans porter.

Les Roſiers d'Hollande ſe plantent ſi
l'on veut aux pieds des Arbres de haute
tige, & on les fait monter ſur leſdits Arbres , où ils étallent leur belle & delicate,
marchandiſe en la ſaiſon , ce qui eſt bien
agreable.

Lesdits Rosiers d'Hollande , peuvent porter à l'Automne, quand on les taille au Printemps à un pied, ou un pied & demy prés de terre.

A toute sorte de Rosiers, il n'y a point d'autre façon que de leur donner quelque fois un leger labour, les nettoyer & décharger du trop de bois & de celuy qui est mort.

Je me sens obligé en cet endroit de faire une petite correction à de certains Fleuristes (non, je me trompe, ils ne le furent jamais) car les vrais ne tombent point dans cette imprudence ; c'est qu'ils blâment certaines Fleurs qui ne sont point à leur goust, & donnent la preference à aucunes, à l'exclusion de toutes les autres; il n'en faut pas user ainsi, l'on offence leur Createur qui a tout bien fait, & qui est aussi admirable dans les petites que dans les grandes choses, dans la Fourmy comme dans l'Elephant : & ils ne considerent pas que toutes ces Fleurs, quelles qu'elles soient, se succedent l'une à l'autre de mois en mois, & donnent ainsi à l'homme de la consolation toute l'année & occasion de benir Dieu en tout temps, & de le porter des choses visibles aux invisibles.

Il est vray qu'il y a des Fleurs plus bel-

les les unes que les autres ; mais cette preference se doit faire sans affectation, c'est
pourquoy je les prie charitablement de
s'abstenir de ces mépris, parce qu'ils of-
fencent Dieu qui doit estre loüé en toutes
ses creatures.

Il y a de ces pretendus Fleuristes qui
passent à d'autres excés, ils sont idolâtres
de leurs Fleurs, & ressemblent en quelque
façon à ces malheureuses Sages - femmes
d'Egypte qui égorgeoient tous les Mâles
des Hebreux en leur naissance, c'est qu'ils
détruisent, déchirent, & rompent les belles Fleurs qu'ils ont, aprés qu'ils en ont
pris leur part, & ne les veulent communiquer à personne pour paroître singuliers ;
en quoy ils font voir la roture & la bas-
sesse de leur esprit : les honnestes gens &
nobles Fleuristes n'en usent pas ainsi, &
ils mettent une partie de leur gloire à communiquer ce qu'ils ont de plus beau, &
cherchent par cette voye d'obliger un
chacun.

Jugez, mon Lecteur, si ces pretendus
Fleuristes ne sont pas des monstres dans
la societé civile, & s'ils ne meritent pas
d'estre blâmez de tous les hommes, je ne
sçay pas mesme s'ils peuvent estre sans cri-
me devant Dieu, en déchirant ainsi ces

Fleurs; ils pourront consulter les Theologiens là dessus.

Ces gens-là ont encore un autre défaut, c'est qu'ils ont l'adresse de communiquer toûjours à leur avantage, & si vous n'y prenez garde, ils vous donneront comme l'on peut dire un brin d'hysope, pour tirer de vous un cedre tout entier ; voila comme ils agissent ordinairement, deffendez-vous en, si vous pouvez.

Comme aussi d'autres, qui par une certaine adresse blasment & méprisent generalement toutes les Fleurs des Jardins des autres, mesmes quelquefois celles qu'ils ont aux leurs : & neanmoins dans l'occasion & en certaines rencontres favorables, il les extollent comme des merveilles extraordinaires, aprés qu'ils ont bien rabaissé celles des autres Jardins : admirez un peu, je vous prie, cette manie & cet artifice affligeant & mortifiant.

Ces personnes-là sont aussi d'humeur à ne communiquer que rarement & toûjours à leur avantage comme les precedens.

Ceux qui sont obligez par leur condition de vendre des Fleurs, ne sont point compris dans la correction devant declarée, ils en sont exceptés & de droit &

de fait, je ne parle icy que pour les nobles Fleuristes, ou qui le doivent estre,
& qui sçavent qu'il est plus heureux de
donner que de recevoir.

Des pots de fayence & de leur usage, pour y planter des Fleurs.

ON sçait assez que les Fleurs ont tres-
bonne façon dans des pots de fayence, qui sont maintenant fort en usage, &
le seront de plus en plus.

C'est pourquoy je donne avis aux curieux qui peuvent en faire la dépence, d'en
avoir de grands entre les autres, comme
d'un pied de diamettre ou environ par le
haut, & de planter & mettre dedans &
separement en chacun d'iceux des Tulippes les plus belles, des Ranonculs rares,
des Anemones les plus fines, des plus
beaux Crocus, & d'autres Fleurs exquises
qu'ils pourront avoir, ils en recevront de
la satisfaction, & en donneront à ceux
qui les iront voir.

On peut mettre dans chacun desdits
grands pots, trois Tulippes, ou trois pieds
de Ranonculs en pied d'audier, ou deux

douzaines de crocus, ou quatre, cinq, ou
six fretilairs seuls, ou un ou deux Oeillets,
ou un Giroflier double, ou un Jaßemin
d'Espagne, ou une ou deux Amarantes,
ou un Tricolor, ou le Volubilis, ou un
pied d'Oeillets d'Ours rares, ou un pied
de Ciclamen, ou d'Immortelle jaune, ou
un pied de Ranoncul dans le milieu, &
autour une douzaine de Crocus, ou six Fretilairs, ou six Tulippes de Perse qui sont
plus petites & Printanieres que les autres, & de couleur de pourpre bordé de
blanc.

La qualité de l'amandement de la terre
qu'il faut à ces Fleurs & à toutes les autres, est cy-devant declaré au titre des
Ranonculs; mais pour les Oeillets, il faut
recourir au titre qui en parle.

Les Oeillets, les Girofliers doubles, le
Kiris qui est le violier de carnage double,
panaché de rouge sur jaune, les Amarantes, la Capucine & les Immortelles jaunes, ont tres-bonne mine dans ces mesmes
pots, comme aussi les rosiers panachez &
les Arbustes Nains.

Il ne faut point laisser ces pots à l'air
du temps, durant les fortes gelées, parce
qu'ils casseroient infailliblement.

L'avantage de ces beaux pots (outre
leur decoration) c'est qu'ils servent ainsi

que les communs à conferver les Fleurs
delicates dans la ferre durant l'Hyver, &
lors qu'elles feront épanoüies en leur faifon, vous les portez au couvert où vous
defirez, & par ce moyen vous faites durer les Fleurs deux fois davantage qu'elles ne feroient, fi elles eftoient toûjours ex-
pofées à l'air du temps, & mefmes lefdites Fleurs en ont un plus grand éclat.

De la broderie des Iardins des Grands, & des ornemens de ces Iardins.

JE ne parle point icy de la broderie des
parterres des Jardins de plaifir du Roy,
des Princes & des grands Seigneurs ; les
Jardiniers qui y font prepofés accommo-
dent ladite broderie dans toute la perfe-
ction qu'il eft poffible, fuivant le plan &
les deffeins qu'ils en forment eux-mefmes,
ou qui peuvent leur eftre donnés par des
Brodeurs ou des Peintres : & cette broderie fichée de buis ou d'autre matiere (les
allées fablées) a d'autant meilleure grace
que lefdits Jardins font accompagnés pour
l'ordinaire de grands parcs & clôtures de
murailles, de belles avenuës d'Arbres &

de façades de superbes Palais, où se trouvent les figures de rondes-bosses & de bas-
se-taille, de pierres fines, de marbre ou
de bronze mises dans des niches ; lesdits
Palais estans garnis de riches meubles, de
rares tableaux, d'antiquailles de grand
prix, d'alcoves, de salons, de vestibules,
de salles, chambres, & cabinets magnifi-
ques & de miroirs richement multipliés ;
& que ces mesmes Jardins sont encore or-
nez de belles terrasses bordées d'especes, de
parapets ou murailles d'appuy, sur lesquels
sont mis des pots de fleurs ; lesdits Jardins
parés de plus, de grandes allées de pro-
menade avec separation de Jardins particuliers (où sont les fleurs & les fruits rares) fermés de treillis en feüillage de fer
doré, ornés aussi de cascades, d'aque-
ducs, de fontaines merveilleuses, de jets
& de ronds d'eau, de canaux, d'étangs,
de statuës sur pied d'estaux, de grottes de
coquillages, de pyramides, d'obelisques,
de colomnes d'architecture garnies de
leurs chapiteaux, architraves, friches &
corniches avec leurs ornemens de tous
ordres ; lesdits Jardins enrichis aussi d'Am-
phiteatres, d'Arcs-triomphaux, de Cir-
ques, de Portiques, & de Galleries ouvertes & couvertes, & de Plattes-formes,
de Balcons avec ornemens, de balustres,

de

de figures entieres & de buftes auffi fur
pied-d'eftaux, comme pareillement de miroirs de fonte, convexes, cilindriques, co-
niques & coneaves, de pieces d'optique,
de perfpectives admirables, de quadrans
raviffans, de volieres, de bouquets de cyprés, de dedales, de cabinets & berceaux
de verdure &de philaria,de tapis de ftatices
ou herbe terreftre, de gazons & d'autres
verdures, de vignes precieufes, de fimples
& d'arbuftes tres-rares & curieux, mis en
des quaiffes peintes & en des grands pots
de fayence, & de grand nombre d'autres
gentilleffes qui les font paffer pour des petits paradis terreftres.

Je laiffe à une meilleure plume que la
mienne, d'en écrire plus amplement.

C'eft pourquoy je me contenteray feulement de dire en finiffant ce petit Livre,
que l'on change, & la broderie, & ces autres onemens de Jardins, qui peuvent aug-
menter ou diminuer felon l'efprit du fiecle
où l'on vit, parce que le propre de l'homme c'eft l'inconftance, & que tout en ce
monde eft fujet à viciffitude & mutation.

F I N.

M

CATALOGVE
DES LIVRES
DES JARDINAGES

IMPRIMEZ A PARIS,

Chez CHARLES DE SERCY, au Palais,
au sixiéme Pillier de la Grand'Salle, vis-
à-vis la Montée de la Cour des Aydes,
à la Bonne-Foy Couronnée. *

Le Jardinier François.
Les Delices de la Campagne, ou suite
du Jardinier François.
La maniere de cultiver les Arbres Fruitiers.

*Par le sieur le Gendre, Curé
d'Henonville.*

Instructions pour les Arbres Fruitiers.
Par le Sieur Vautier.

Le Fleurifte François, traitant de l'origine des Tulippes.

Par le fieur de la Chefnée.

Theatre des Jardinages ; Contenant une Methode facile pour faire des Pepinieres, planter, élever, anter, greffer & cultiver toutes fortes d'Arbres Fruitiers, & pour cultiver les Fleurs qui fervent à l'embelliffement des Jardins.

Par Claude Mollet, premier Iardinier du Roy.

Le Jardinier Royal, qui enfeigne la maniere de planter, cultiver, & dreffer toutes fortes d'Arbres, avec une briéve Methode pour bien greffer tous fruits à noyau.

L'Abrégé des bons Fruits, avec la maniere de les connoître & de cultiver les Arbres ; divifé par Chapitres, felon les efpeces ; nouvelle edition : reveu, corrigé, & beaucoup augmenté par l'Auteur.

Nouvelle inftruction pour connoître les bons Fruits, felon les mois de l'Année, avec une Methode facile pour la connoiffance des Arbres Fruitiers & la façon de les cultiver.

Par Dom Claude S. Eftienne, Feüillant.

Remarque neceffaire pour la Culture des Fleurs, la maniere avec laquelle il les faut cultiver, & les ouvrages qu'il faut faire felon chaque mois de l'année ; avec une methode pour faire toutes fortes de Paliffades, Bofquets & autres ornemens, qui fervent à l'embelliffement des Jardins de plaifir, & un Catalogue des Plantes les plus rares : Le tout diligemment obfervé

Par Pierre Morin Fleurifte.

Inftruction facile pour connoître toutes fortes d'Orangers & Citronniers ; qui enfeigne auffi la maniere de les cultiver, femer, planter, greffer, tranfplanter, tailler, & gouverner felon les climats, les mois & saisons de l'année. Avec un traité de la taille des Arbres.

Nouveau traitté pour la culture des Fleurs, qui enseigne la maniere de les cultiver, multiplier & les conserver selon leurs especes, avec leurs proprietez merveilleuses & les vertus Medecinales; divisé en trois livres.

Abregé pour les Arbres Nains & autres, contenant tout ce qui les regarde, tiré en partie des derniers Auteurs qui ont écrit de cette Matiere ; joint une experience avec application de vingt ans & plus. Avec un traité tres-particulier pour les bons Melons ; & aussi un Traité general & singulier pour la culture de toutes sortes de Fleurs, & pour les Arbustes, & aussi pour faire & conduire une grosse Vigne, & beaucoup de choses pour les autres Vignes. Oeuvre qui n'a encore esté traité à fonds par aucun, & qui provient aussi en partie de la communication des plus entendus curieux en ces sortes de choses.

Par I. L. Notaire de Laon.

INSTRUCTION POUR ELEVER,

nourrir, dreſſer, inſtruire & penſer toutes ſortes de petits Oyſeaux de Voliere que l'on tient en Cage pour entendre chanter. Avec un petit traité pour les maladies des Chiens.

Avec Privileges du Roy.